iT邦幫忙 鐵人賽

博碩文化

U0077532

改變
歷史 的 加密訊息

第11屆
iT邦幫忙
鐵人賽
佳作
iThome

活和工作的經驗向下扎根，讓資訊安全變得有趣

淺出的報導式導讀資訊安全事件。
有趣的生活式撰寫資訊安全事件。
歷史的敘事式分析資訊安全事件。

彭偉皓 ——— 著

作　　者：彭偉皓 著
責任編輯：賴彥穎

董 事 長：陳來勝
總 編 輯：陳錦輝

出　　版：博碩文化股份有限公司
地　　址：221 新北市汐止區新台五路一段 112 號 10 樓 A 棟
　　　　　電話 (02) 2696-2869　傳真 (02) 2696-2867

發　　行：博碩文化股份有限公司
郵撥帳號：17484299　戶名：博碩文化股份有限公司
博碩網站：http://www.drmaster.com.tw
讀者服務信箱：dr26962869@gmail.com
訂購服務專線：(02) 2696-2869 分機 238、519
（週一至週五 09:30 ～ 12:00；13:30 ～ 17:00）

版　　次：2021 年 3 月初版一刷

建議零售價：新台幣 400 元
Ｉ Ｓ Ｂ Ｎ：978-986-434-746-9
律師顧問：鳴權法律事務所 陳曉鳴律師

本書如有破損或裝訂錯誤，請寄回本公司更換

國家圖書館出版品預行編目資料

改變歷史的加密訊息 / 彭偉皓著 . -- 初版 . --
　　新北市：博碩文化股份有限公司，2021.03
　　面；　公分-- (iT邦幫忙鐵人賽系列書)

ISBN 978-986-434-746-9(平裝)

1.資訊安全

312.76　　　　　　　　　　　　　110003860

Printed in Taiwan

歡迎團體訂購，另有優惠，請洽服務專線
博碩粉絲團　(02) 2696-2869 分機 238、519

　　在網路發達的年代裡，生活幾乎無法脫離網路，如果從 windows 95 開始到現在，資訊的發展已經整整過了將近約三十年的時間，這將近三十年的時間，說長也不長，說短也不短，但可以知道的是，資安事件是越來越多，已不在侷限於網路攻擊事件，有時是開發商的錯誤，有時也可能是人為的疏失，有時是社交工程⋯總之，形形色色的網路安全事件已經在我們身旁持續不斷的發生。

　　然而，我們該如何去面對越來越嚴峻的資安問題呢？不論是用技術、社交防範、防毒防駭等等的技巧之外，其中有一種方式，就是藉由歷史事件來告訴我們，該如何避免不該犯的錯誤，這也就是希望能藉由歷史上發生的各種事件，來審視我們當前的資安環境，而作者彭偉皓所寫的這本書，剛好發揮了鑑往知來的審視作用。

　　這本書在每章資安漏洞事件裡，運用了很多歷史事件來說明資安的漏洞及缺點，例如：古巴危機、日本二戰時的零戰戰鬥機等等，同時，也運用了很多童話故事，如阿里巴巴、希臘神話史詩故事來表達資安的問題，當然，也用很多熟悉的中國歷史的故事，把這些故事生動地運用在資安問題上。透過這些典故，可以讓讀者很快地從故事中了解到章節主題的重點，當然，我相信作者主要希望能夠反應，在我們的歷史洪流中，資安事件一直都存在，只是用不同的形式存在你我生活的周遭而不自覺。這本書也充分的表達，『歷史始終是面照妖鏡』，終究會『喚醒』大家注意的。

資訊安全，可能涉及的範圍很廣，每個環節都有可能發生資安問題，如果一個環節沒控管好，都有可能不經意的就發生資安風險，我們常說要『管理好』，就不會發生資安問題了，可是『管理好』這三個字的哲理就真的很深了，這個世代，很多東西翻新的速度都極為快速，很多的東西，不知何時就會突然的冒出來，其結果，往往造成莫大的風險。在這種狀況下，唯一能夠讓我們思考破解的方式，就是透過一些已發生的案件，來找尋蛛絲馬跡，並且透過腦力激盪的方式來加速解決資安的問題。

還好，目前所有資安事件，都是人類在網路世界中，引發出來的，而不是電腦或者 AI 主動發動的，因此，都還是控制在人的世界裡發生的，這是不幸中的大幸，對於人與人，甚至國與國，如果能夠了解越多人類的歷史，就能防止或者解決許多人為的資安問題，我也認為，在這個人類創造出來的虛擬世界中，懂得越多人性，也許就能解決更多資安問題。

最後，衷心的推薦本書，這本書就像系統的視窗一樣，每翻閱一個主題，就像點開一個新視窗，同時保留舊視窗，讓我們能在新舊視窗裡，交互的比對，交互的審視，同時，也讓我們的資訊安全觀念能夠更加強化及更完備，也希望大家能夠從本書體會更多不同面向的資安觀念。

第 9、12 屆 iT 邦幫忙鐵人賽資安組冠軍

彭偉鎧

2021.03.21

資訊安全，像空氣，好像離我們很遠，其實很近，似乎觸碰不到，卻又時時刻刻。最近常聽到的『勒索病毒』、『帳號被盜』或『後門程式』，都屬於資訊安全領域中的一個環節。在這領域中的人，總是想很努力讓領域外的人瞭解，『資訊安全』有多重要。但，就如那幾句老話，『隔行如隔山，見山不是山』的情境，也經常出現在不同領域人之間的對話中。

這是一本，將資訊安全融入到您我生活中的書，從上古神話到現今社會，作者慢慢道出資訊安全的精隨、觀念及往事。用了您與我都能理解的文字，甚至讓我們知道，歷史除了是一面鏡子之外，也是讓時代前進的推手。僅管資安事件，不斷發生，但我們總是能將傷害，控制到最小。

很榮幸，幾年前，參加 iT 邦幫忙鐵人賽的過程中，遇見了作者的文字及文章內容，讓才學初淺的我，能夠對資訊安全，有更深入的瞭解，並且反思自己在與其它領域人事溝通時的不足之處，在連續幾年的薰陶之後，很多艱深難懂的觀念，慢慢的也通了。

去年開始，我所屬部門的夥伴，在剛進入我們部門前，都會被我要求，要看作者最近幾年的文章，並且試著用相同的方式，向其他夥伴描述資訊安全或是資安事件，原因有二。

1. 資訊安全領域的人，最需要的是讓非領域的人理解或是不排斥與我們溝通。

2. 唯有當大部份的人，對資訊安全都有共識時，有效的安全防護甚至超前部署，才有可能成形。

如果您想要稍微或是想要進入『資訊安全』領域，又不知該從何處瞭解起，那本書將會是您最好的起手式。歡迎您加入或是更了解這個離我們很遠，但又時時刻刻的領域。

CEH、ECSA、資訊安全領域從業人員

孫哲齡

2021.03.22

　　本書是出自 iT 邦幫忙鐵人賽佳作系列文，是想以「報導式」的方式導讀資訊安全事件，針對近幾年許多的資安事件，逐一探討其根本起因，再加以分析，並以輕鬆說故事的方式帶入，最終再做歸納和總結。

　　而在建構資訊安全文章的過程中，首先會想到這一系列的文章自己的優勢在哪？與其他競賽者有什麼不同的創見？假如以技術型態去寫，當然無法跟長時間從事資訊安全的工程師經驗相比，惟有用「生活化」、「大眾化」，還有我的強項「數位典藏」和「歷史敘事」，才能讓讀者閱讀後，理解原來資訊安全，也可以有那麼多案例和材料可以說明，如同美國資安作家馬克・古德曼著作《未來的犯罪：當萬物都可駭，我們該如何面對》一樣，把生活和工作的經驗向下扎根，讓資訊安全變得有趣，這與技術實戰其實是有異曲同工的作用，希望讀者會喜歡。

PART

資安新聞的案例與對照

PART

資安在生活上的警示

PART

資安在生活上的警示

PART

1

資安新聞的
案例與對照

單元 ❶

臉部辨識系統的漏洞

臉部辨識系統的開端

　　臉部辨識系統是近年來發展漸趨成熟的技術，很多大型國際運動競技都開始運用這項技術，例如 2017 年臺北世界大學運動會，就架設入場磁卡機與臉部辨識系統的機器，用來核對各界來賓與運動員的身分，以當時主辦單位臺北市政府採用日商 NEC（日本電気／にっぽんでんき）的臉部辨識系統 Walkthrough 來說，系統辨識誤差率僅 0.3%，技術幾乎獨步全球，在當時也獲相當得好評，這也歸功於日商 NEC 在 1989 年獨特的研發眼光。

　　但建構這套臉部辨識系統的資料庫，並非想像中那麼簡單，如果是世界大賽型的比賽，不可能一一邀請選手和來賓到主辦國來掃描臉部資料，只能統一要求用 E-Mail 寄達相片最近期的照片，將照片輸入臉部辨識資料庫後，還要考慮「歲月」痕跡等細部變化，入場辨識率的速度才會提高和準確。

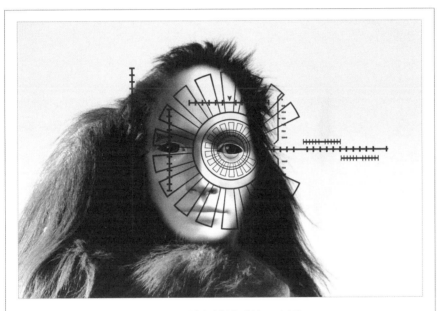

圖 1-1　臉部辨識系統示意圖

（圖片來源：Pixabay）

https://is.gd/zDmm51

臉部辨識系統的缺點

　　既然臉部辨識系統如此出神入化，照理來說應該可以用於社會各領域上，例如刑事辦案，或需要身分證明的程序之上。但以科技領先全球的美國來說，居然發生警察逮捕錯嫌疑犯，造成冤獄的窘境，原因主要在於「系統演算法」的辨識錯誤，即便不只一套演算法，仍會發生難以置信的「同樣臉部特徵」的錯誤，曾有網友戴上一副嘻哈風眼鏡去測試，居然讓辨識系統產生錯誤。

　　的確！辨識機器不可能是萬能，但不能因為出錯或存在風險，就放棄辨識系統的研發，科學之所以為科學，就是在不斷的錯誤修正中，最終在眾多數據或模組中，找到確實可用的公諸於世，如同愛迪生之於電燈、福特之於汽車等發明。

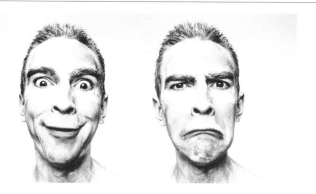

圖 1-2　任意改變臉的表情就會影響辨識系統的準度

（圖片來源：Pixabay）

https://is.gd/X2GWU8

騙過人臉辨識的易容技術與事件

那日常生活中，有沒有方法騙過臉部辨識系統的鑑別呢？除了上段用嘻哈眼鏡的例子之外，我們將時間向前推到 1946 年到 1985 年的美國和俄聯冷戰時期。第二次世界大戰結束後，以美國為首的民主陣營和蘇聯為首的共產陣營，開始在國際上互有戰爭與科技上的攻防，除明著對抗之外，在間諜戰這塊也打得相當激烈，例如美國的國家情報單位 CIA，蘇聯的國家特務組織 KGB，為了能騙過對方嚴密的入境稽查，易容術不斷的進化，甚至可以做到跟真實皮膚一樣的觸感。

圖 1-3　美蘇之間的間諜戰，是 007 電影取材的重點

（圖片來源：Pixabay）

https://is.gd/iHtkIl

在前美國 CIA 的首席偽裝官 Jonna Mendez 接受訪問時，就證實這些偽裝道具的存在，而且和美國影集《虎膽妙算》中的人皮矽膠面具相同，也是真實必備道具之一。據說透過這些「易容」

道具，可以很容易避開臉部辨識系統的辨識，輕易地躲過敵對國特務的追蹤。在騙過敵對國特務第一關後，緊接著還要考慮到，保護敵對國當地提供情報線民的安全，避免被逮捕而徒勞無功。接著要再騙過對方的特務的監視，因此，不可能一套易容用到底，這樣會穿幫被逮捕，一定要多套計畫輪替，並有高超的化妝技術進行著營救政治犯、偷取軍事武器機密以及戰爭計畫。

間諜戰中最精采莫過於 1962 年的古巴飛彈危機，美國本來要實施古巴計畫，斬首卡斯楚，但後來因豬玀灣事件突發，致使蘇聯書記赫魯雪夫決議在古巴架設飛彈，美國總統甘迺迪透過當地情報網得知此事，在三國幾乎要以核子飛彈作為決戰武器前，所幸掌握敵對方情報，經過外交談判，化解這段毀滅性的對峙。但赫魯雪夫卻因此事處理不周，遭到批鬥而下臺，就過程來說，兩國對決諜影幢幢，如果沒有這些易容高手在敵後竊取情報，恐怕難以避免一戰。

文後短評

最後，臉部辨識系統雖然不斷再進化，但仍存在隱私的問題，例如有些國家城市中裝設具有辨識系統的監視器，表面上是要讓犯罪無所遁形，就另一層面來說，也侵犯到個人的隱私，如 Google 的街景拍攝，就曾拍到不雅照，但當事人毫無所覺，因

此，在這方面資安的立法規範上，仍須有專家進行討論，雖然欣見科技的發展，最終仍需要保障個人的人身自由。

小知識

人臉辨識系統的爭議

人臉辨識系統雖然廣泛運用於刑事辨認上，擷取幾件較具爭議：

① 中國華為「維吾爾族人臉辨識系統」，有協助政府迫害少數民族人權的疑慮。

② 印度政府在北方省會路克腦（Luck-Now）安裝 200 臺以上 AI 人臉辨識系統，目的雖為減少侵害婦女案件，但仍有網民認為侵犯人民隱私。

③ 美國紐澤西警方按照 AI 人臉辨識系統逮捕錯嫌犯，造成冤案。

單元 ②

開箱圖文的訊息外洩

開箱圖說的熱潮與風險

近期各行各業，乃至於私人生活上的家事等，無不流行「開箱圖說」，表面上，把所有細節公開透明，讓所有人知道工作上原來不是像網路上說的那麼簡單，這固然是好，但是無意中將所有資訊曝光於網路社群當中，例如 Facebook、Instagram、Twitter 等知名社群，有心人士會依照貼文者所提供的照片，去分析這個組織會有那些人？會用那些廠牌的用具？會使用那些器械？如何操作這些器械？等等情報。就拿企業使用的軟硬體廠牌來說，一般管理階層是不會輕易在社群透漏所屬行業專用的商業機密，即使照片、文字都被視為禁忌，若員工只是為了「流行」、「炫耀」、

「好玩」、「跟風」，把軟硬體細節貼上網展示，會讓企業內部機密整個被對手拆解，後面的法律責任會跟隨著來。

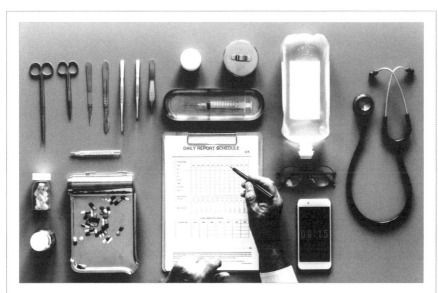

圖 1-4　為醫生開箱圖文所展示的醫療工具示意圖

https://is.gd/nBh5by

開箱文的資安洩漏

　　涉及國家公共安全的部門，也必須注意會被「完全解析」的風險，從這次大潮式的跟風中，可以發現警察、消防隊、海巡署、空勤等政府單位也都積極參與，讓人瞠目結舌之處，竟將全

部裝備鉅細靡遺地呈現，如果有人看到圖片想找這個單位裝備的麻煩，可以說為什麼只使用這個牌子，是不是有圖利廠商；或者這個裝備相當落後，是不是能應付所有突發狀況。

　　這些都只是常見輿論攻擊，當然還有很多細節會被找碴，造成不必要的困擾，嚴重的話，諸如對你不友善的外國勢力，把這些裝備當成樣本分析，並得出可以反制的策略，讓你無用武之地。也可以說我不必費太大的間諜行動，或者網路侵入式攻擊，我就可以憑照片等資料，讓你國家的資訊安全陷入混亂，因此要特別謹慎為之。

圖 1-5　部門資訊過於公開，容易遭到攻擊

（圖片來源：Pixabay）

https://is.gd/TywtYE

零式戰鬥機誕生

在二次世界大戰中，日本帝國零式戰鬥機曾在太平洋、中國、臺灣、東南亞、南洋等地威風八面，讓美國為首的聯軍大為頭痛，想必看過宮崎駿動畫《風起》，初步會了解零式戰鬥機設計者是三菱重工的堀越二郎（ほりこし　じろう，1903-1982），若想加強印象，小說家百田尚樹的小說和電影《永遠的零（えいえんのゼロ）》，也提供了一些訊息。

當時日本海軍的想法是，若要比軍工業技術，日本是遠遠不及美國，但假如讓戰機能夠在速度上領先，就可以快速執行任務，比敵軍早一步擁有制空權，因此要求戰機要重量輕、續航力大、轉彎靈活、火力強以及具有遠航的能力，這些嚴苛的條件讓三菱重工如坐針氈，但經過堀越二郎等工程師群的努力研發下，克服了原本具有的難度研發成功，經過測試後獲得駕駛員很高的評價，讓零式戰鬥機正式問世投入戰場，在太平洋戰爭初期至中期，讓美軍吃足了苦頭，也無法取得相對應的機密資料破解。

圖 1-6　為美國夏威夷歐胡島太平洋航空博物館所展示
的零式戰鬥機機組員蠟像

（圖片來源：pxhere.com）

https://is.gd/grXW35

圖 1-7　二次世界太平洋戰爭前期，日本風雲戰機零式戰鬥機
（全名 Mitsubishi-A6M-Zero-Aircraft-flight）

（圖片來源：Pixabay）

https://is.gd/XmnGzx

破解無敵零式的秘密

在 1942 年荷蘭港戰役（位於阿拉斯加附近），空軍處於挨打的美軍出現了轉機，日本派出航母與轟炸機、零式等戰機前往攻擊美軍基地荷蘭港，但因天候不佳，致使日本這次任務失敗，也被美軍擊落一台零式戰機，獲得可研究的範本，經過日夜全機一番拆解、組裝和試飛，全盤了解零式的優缺點，讓美軍另行研發出格魯曼地獄貓戰鬥機（Grumman F6F Hellcat），局勢得以逆轉，到二戰中後期，零式已無用武之地。

圖 1-8　為美國夏威夷歐胡島太平洋航空博物館所展示的
　　　　格魯曼地獄貓戰鬥機模型

（圖片來源：pxhere.com）

https://pxhere.com/en/photo/172537

文後短評

　　資訊的快速發展，帶動訊息的流通，但也造成很大的漏洞，這些漏洞平時會被疏忽，若要介入控管，反被視為多餘，肇因在於認知有極大的落差，發生事情之前「只要我喜歡，有什麼不可以」，但等事態爆炸開來，就會變成「我不知道事情會那麼嚴重」，抑或者「有那麼嚴重嗎？」，像跟風式的網路行為，是不是要開始有所規範，否則過度的曝露訊息，是會造成很大的資安事件。

迷因（MeMe）的淺見

「散播性」是最主要的目的，如同宗教狂熱般模仿、再製，甚至新創，最明顯的案例就是「梗圖」，從電影、電視劇、漫畫、新聞等傳播媒介中，擷取最具爆炸點之處，待加工完成後，利用網路散播開來，獲得網友認同，如同病毒一般流傳，沒跟上議題就會落後，但通常這些惡搞作品有走在侵犯智慧財產權的邊緣。

MEMO

單元 ❸

綁定信用卡支付漏洞

帳密徵信的重要性

　　我們在使用電子郵件，或者進入網路銀行、網路股市或者網路購物等網站，都需要設定一組帳號與密碼，作為開啟進入的程序，帳號與密碼輸入有誤時，會給三次機會進行再核實，三次機會都錯誤的話，會封鎖當日帳號與秘密的使用，若急著想要解開，必須向伺服器端的客服尋求解鎖，部分客服會直接要求客戶端進行密碼修改，並藉由手機簡訊或者電子郵件進行徵信，若確認是本人要求無誤，則會寄出機密訊息，請客戶端確認過後開通帳號和新密碼，但會說明尚需幾分鐘的時間，如同信用卡遺失時，信用卡公司也會進行相同的程序，保障民眾的使用安全。

圖 1-9　帳號和密碼如同個人私密鑰匙，徵信是必然的程序。

（圖片來源：Pixabay）

https://is.gd/Xu4q2A

嚴密的購物雙向協定

　　帳密的進行核實，是網路上的通訊協定，我們稱之為安全通訊協定（Secure Sockets Layer，簡稱 SSL），另外還有兩個協定，第一個是較新的傳輸層安全性協定（Transport Layer Security，簡稱 TLS），第二個是超級文字傳輸協議安全協定（Hyper Text

Transfer Protocol Secure，簡稱 HTTPS）。當在進行主機伺服端與顧客端之間的交易程序時，兩端的對話與資料傳輸是無法由外部插入讀取的，並使用加密演算法屏蔽傳輸的孔道。

簡而言之，就是請顧客進入 V．I．P 包廂，進行一對一的說明和確認，中間的流程還會詢問顧客是否真確認進行購買？若想進行購買，則會說明個人資料確認，以及最重要且需嚴格的交易付款程序；若突然反悔不想購買，也可以退回購買申請。

圖 1-10　電子購物是買家與賣家雙向的徵信行為

（圖片來源：Pixabay）

https://is.gd/3Xlf3K

條碼成為盜刷漏洞

●●●●●●●●●●●●●●●●●●●●●●●●

　　但近年卻發生因信用卡長期綁定在支付 APP 上，而被無故盜刷購買多筆遊戲點數，或購買昂貴的物件（圖 1-11），會發生這類的案件，主要是支付的過程中，當顧客出示手機上的 QR － CODE 或條碼供商家掃描時，會很自然地暴露在外，只要在一旁進行近距離拍攝，或者遠處拍攝，有心者就會利用支付的便利，利用 QR － CODE 或條碼大刷特刷，等顧客收到信用卡帳單時，才驚覺金額高到嚇人，就必須向信用卡公司說明，並證明不是自己去購買，經過信用卡公司調查核實後，才有辦法消除不屬於自己的消費。

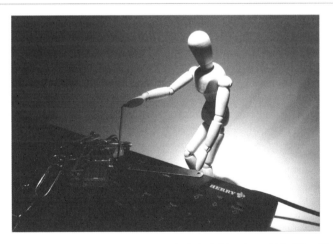

圖 1-11　交易的過程中，暴露的私密資訊，如同被解鎖一般

（圖片來源：Pixabay）

https://is.gd/cWhqiB

芝麻開誰的門？誰是大盜？

　　古時候有很多可以借鏡的傳說故事，即便不是真實的，也算是人類生活中所經歷的歷史經驗，例如風靡阿拉伯世界的故事集《一千零一夜》，背景假借波斯帝國，但其實是存在阿拉伯世界的偉大帝國阿拔斯王朝的民間文學，在《一千零一夜》中有一個耳熟能詳的故事＜阿里巴巴與四十大盜＞（圖 1-12），這個故事可以與資安作為連結，將這則故事分享如下：

　　很久很久以前，在波斯帝國住著兩個貧困兄弟，哥哥叫哥斯木，弟弟叫阿里巴巴。長大後，哥哥幸運地娶了富商的女兒為妻，過著富裕的生活；

　　阿里巴巴娶了窮苦人家的女兒，每天辛苦地砍柴去販賣維生。

　　有一天，阿里巴巴，無意間，在山上發現了四十位強盜將掠奪的金銀財寶放在神秘的山洞中。好奇的阿里巴巴跟隨著強盜來到洞口。

　　只聽到強盜的首領對山洞大喊：「芝麻開門！」

　　那山洞的大石頭，竟然轟隆隆地打開了 .... 強盜們一起進入山洞中。

　　不久，強盜們出了山洞。強盜的首領對山洞大喊：「芝麻關門！」

　　那山洞的大石頭，竟然轟隆隆地關閉了。

等到強盜們都離開後，阿里巴巴也試著對山動大喊：「芝麻開門！」

那山洞的大石頭，竟然也轟隆隆地打開了 . . . .

這時阿里巴巴便進入山洞中，看到滿山的金銀財寶，不禁目瞪口呆，說不出話來 . . .

待回神時，阿里巴巴才急忙裝了點金幣放在身上，轉身離開山洞。

並大喊：「芝麻關門！」

那山洞的大石頭，轟隆隆地關閉了。

圖 1-12　　＜阿里巴巴與四十大盜＞的故事源自阿拉伯世界的見聞

（圖片來源：Pixabay）

https://is.gd/2z7Gar

文後短評

• • • • • • • • • • • • •

　　這則故事告訴我們，密碼的加密防範圍很重要，四十大盜首領並不知道藏寶洞穴外，有不是組織的人正在偷聽，仍然「習慣性」的在搶劫完財物後，回到藏寶洞穴進行「念密碼」、「開門」、「存放」及「關門」的動作，等完成程序後，躲藏在一旁的阿里巴巴已經將所有程序記在腦中，等四十大盜離開之後，阿里巴巴依樣畫葫蘆的執行程序，竊取了強盜的部分寶藏。在真實生活上，支付綁定被盜取的教訓，不也跟這則歷史故事有很高的巧合，所以專家門會告誡說，如果支付不用時，請解除信用卡綁定，避免遇到比強盜更強的「阿里巴巴」，就欲哭無淚了！

小知識　　　　　**會犯的信用卡訊息外洩舉動**

① 在公用電腦輸入卡號碼。

② 手機綁定支付信用卡未卸載。

③ 點閱來路不明的電子郵件連結，並輸入卡號。

④ 刷信用卡時未注意是否有掉包或側錄。

⑤ 任意借用他人或未收藏在安全位置。

MEMO

單元 ❹

綁架首頁的漏洞

難以根除的綁架軟體

　　你是否因為上過中國大陸網站入口網站，而被綁架整個首頁的不愉快經驗呢？這個不愉快的經驗，應該很多人都中槍過，不管怎麼改回原本雅虎（Yahoo）或谷歌（Google），過不了幾秒重新打開又變成綁架網頁，即便使用具有防治綁架的軟體，也無法有效移除。也有高手建議從 regedit 進入 Windows 機碼中修改，例如：

```
HKEY_CURRENT_USER\Software\Microsoft\Internet Explorer\Main
HKEY_CURRENT_USER\Software\Microsoft\Windows\CurrentVersion\Policies\
WinOldApp
```

```
HKEY_LOCAL_MACHINE\SOFTWARE\Microsoft\Windows\CurrentVersion\Run
HKEY_LOCAL_MACHINE\SOFTWARE\Microsoft\Windows\CurrentVersion\Winlogon
```

　　從以上程序指示刪除一些數值，或依樣畫葫蘆去修改，短期內雖然有效，但過不了多久又繼續被綁架。那如果用 Ghost 或 Windows 還原點去還原到未被綁架狀態呢？結果還是依舊沒改善，只能氣呼呼的重灌系統，這些都是很多電腦使用者最終的手段，雖是比較激烈和費時，卻也是比較有效。

圖 1-13　綁架網頁如同現實刑事犯罪的綁架案

（圖片來源：Pixabay）

https://is.gd/mvU8Xy

免費其實是代價最高

　　不過若未從瀏覽網站習慣去改善，即便重灌幾次，都會被侵入控制瀏覽器，例如想下載盜版電影、盜版動畫或想下載盜版P2P軟體，雖然外表號稱綠色軟體免安裝，但一用了就被完全綁架，甚至被強迫接受按廣告，猙獰的一面就會嶄露無遺，讓網路與系統陷入混亂。所以必須教育上網者要了解「免費才是最貴」的或「綠色是有毒」的，寧願讓電腦硬碟中乾淨一些，也不要灌一堆會被寄生的「宿體」。

　　上網者通常無法忍受誘惑，貪圖便宜去下載來使用，會發現CPU和記憶體一直處於滿載的狀態，嚴重到會癱瘓整個電腦系統的運作。（圖 1-14）因此強烈建議來路不明的不要用，那如果用名家大廠的會不會比較安心些，其實會發現還是會有綁架網頁這個手法，以增加使用的顧客群，例如有一些防毒軟體或播放影音程式，雖然可以移除，但通常自動移除不會太乾淨，若沒有完全清除註冊機碼，殘留的檔案還是會猛跳出錯誤對話框，或記憶體有問題的情況。

圖 1-14　網頁如果被綁架，系統如同被炸毀的癱瘓

（圖片來源：Pixabay）

https://is.gd/HSMkIF

美麗暗藏殺機

　　無法忍受誘惑而被綁架這類的網路資安事件，其實跟希臘神話中的人魚故事發展很像。據希臘詩人荷馬寫的史詩《奧迪賽》中，就有描述到賽蓮這個神話角色，她是河神埃克羅厄斯所生的女兒，是個美麗的女神，後來和掌管藝文的美麗女神謬思競爭誰音樂彈的最好，並以翅膀作為賭注，結果賽蓮輸掉，被奪去翅膀。

　　因此，無法飛天的賽蓮，挾著怨恨在墨西拿海峽，和另外兩位女妖，一起彈奏悅耳的音樂，讓很多航海員被音樂迷惑而觸礁撞死，變成一堆白骨。（圖 1-15）只有兩位希臘的神話英雄倖免於難，一位是擁有卓越音樂才華的奧菲斯，用迷人的彈奏樂，讓女妖賽蓮反被迷惑，而逃過一劫。另一個就是參加特洛伊戰爭的奧迪賽，他命令所有海船上的船員全部用白臘封住耳朵，因此成為第二組躲過災難的主角。

圖 1-15　　希臘神話中賽蓮迷用歌聲惑船員的故事，如同綁架網頁一樣可怕

（圖片來源：Pixabay）

https://is.gd/aNFaB8

文後短評

　　從希臘神話來看，看似有些誇張的描述，其實多是從先人的智慧中做為借鏡，警示後人不要輕易被美麗虛幻的事物所迷惑，這樣才能保全自身的安全，對照到今日綁架首頁的事件頻傳，我們是不是也像把持不住的船員，被迷幻的音樂引誘到深淵中，讓整個系統陷入混亂之中。

免費綠色軟體包藏禍心首頁

有不少中國大陸網頁提供不少免費軟體下載，通常會標榜「免安裝」和「破解版」，多數網民會貪圖免費而下載，當安裝軟體過程中，未注意已有綁架網頁附加軟體勾選格以勾選，以至於安裝後，瀏覽器完全被綁架，無論怎麼使用移除軟體或修改程式碼，都會被定格在綁架軟體首頁，最著名的就是「Hao」。

單元 **5**

網路交友的扣款騙局

婚姻介紹軟體的騙局

　　由於工作忙碌，個性害羞，或者交友圈較小，遲遲無法邁入婚姻的單身男女，是得交友或婚姻介紹 APP 的軟體如雨後春筍的出現，原本這是一個很好的「月老牽線」平台，立意良善，但軟體卻有藏著看不到的陷阱，其中之一是隨機「機器人」，會讓單身的一方初期感到很開心，感覺人生是彩色的，但過一陣子會發覺，「心有靈犀」的機器人，打字都很制式，甚至要約見面，就一直找藉口搪塞，甚至開始推銷付一年以上會有什麼優惠，覺得怪怪的人，就會不用；但覺得好像有希望的人，就會不疑有他的繼續付款，等到夢醒時，已傾家蕩產，換得一場空。

圖 1-16　網路男女交友網站潛藏很多陷阱

（圖片來源：Pixabay）

https://is.gd/sqMPZw

　　即便心有不甘，但法律始終無法對這些交友 APP 有所強制規範，因為他從下載到付費，都有徵詢過顧客，並且簽有相關契約，某種程度他是合法的，因很多人在看到帥哥美女的假照片時，理智線早已斷裂，糊裡糊塗的中了交友 APP 的連環計，如果一年點數到期，沒有結果就結束，也就沒什麼問題。但可怕的來了，很多人沒有仔細看契約，交友 APP 公司就利用這個漏洞，無預警地不徵詢顧客，就透顧客提供的信用卡號進行續約，顧客就會發現原本提供的續約優惠只是騙人的幌子，實際上自動續約後，收到卡費的數字，會讓人跳起來，是優惠價的數倍之多，若去抗議，對方會以契約來反擊，甚至進行法律的恐嚇。

圖 1-17　交友網站的細節契約潛藏很多「魔鬼」

（圖片來源：Pixabay）

https://is.gd/ZrUQDk

取消信用卡杜絕自動續約

　　如果遇到這類的自動刷卡，請不要慌張，有兩個程序一定要去做，一是主動到警察局備案做筆錄，並索取報案證明（三聯單）；緊接著要趕快向信用卡電話止付，或提出證明不曾刷過這筆超額的款項，信用卡公司會進行徵信調查，盡量讓損失降到最低。（圖 1-18）若覺得這兩個動作還不是很能消氣，可以聚集被騙

者向消基會陳情，也能獲得相關的法律諮詢。另外，也要懂得保存證據，及截取與交友 APP 公司的對話紀錄，證據越多，越有機會逼使交友 APP 公司將多刷的錢退給消費者，千萬不要因慌亂自亂陣腳。

圖 1-18　止付信用卡降低損失

（圖片來源：Pixabay）

https://is.gd/qv87dF

徐福求仙丹的騙局

　　在此，我們對照一則歷史故事，時代背景在秦朝，主角為秦始皇嬴政、方士徐福，事件的起源在於秦始皇因創造不朽的統一大業，但感嘆人的壽命有限，無法長久統治天下，因此開始四處訪求長生不老藥的仙丹，恰巧有一位方士徐福向秦始皇說在離中國很遠的外海，傳說中有座蓬萊仙島，島上有仙人提煉長生不老丹藥，秦始皇一聽，自然很高興，於是命令徐福前去，並依徐福的要求，要大船有大船，要童男童女就有童男童女，要多少物資就無限供應。

　　起初徐福出海一無所獲，害怕騙局一破，被秦始皇處斬，又用語術騙秦始皇說海上有大鯨魚阻擋，好死不死秦始皇派去的射箭軍隊，真的在海上看到大鯨魚，並用箭雨射死鯨魚（實在倒楣），這次徐福真得鐵了心，決定來個永遠不回頭，於是再度出航後，在「太陽出來」之處，找到「仙島」，就永遠在中國土地上消失（圖 1-19），秦始皇被騙之後，勃然大怒，於是遷怒到與徐福有關係的煉丹方士與讀書人，來個大坑殺，就是史上有名得「坑儒」的典故。

圖 1-19　徐福往東渡海後，就一去不復返，圖為示意圖

（圖片來源：Pixabay）

https://is.gd/JZRHs3

文後短評

　　從現實與歷史對照後，就可以發現通常騙局會營造的很夢幻，如同本文案例中的婚姻交友坑殺事件，很多 APP 直屬婚介公司，在時間和價格上會弄得很優惠，實際上取得使用者信用卡授權後，就不經使用者同意而任意續約，所以在線上購買時，都要

注意閱讀契約上所訂的「細目」，不要為了一時沖昏頭，實際抽絲剝繭後，內情都是很殘酷的，寧願要親眼所見，再三確認才為真，否則錢財被坑殺事小，心理受到的傷害才是難以抹滅。

小知識

婚介 APP 的注意事項

單身男女介紹的市場很龐大，都可以在蘋果 iOS 和 Google Android 兩大系統的蓋買平台上找到很多婚介軟體，使用前都要有幾點要確認：

① 婚介使用價格要試算過。

② 信用卡契約條款要閱讀清楚。

③ 注意配對者的話語（是否為 AI 機器人）。

④ 閱讀相關法律條文與判例。

⑤ 跟配對者不要有私下金錢交易。

MEMO

單元 ❻

悠遊卡破解漏洞

一卡在手悠遊無限

一張悠遊卡在臺灣處處都能使用（圖 1-20），無論搭乘公共運輸、購物、停車、景點、圖書館借書、影印等，都可以憑著一卡暢行無阻，而且在各地普及的連鎖便利商店也提供儲值的服務，因此不怕臨時扣款有餘額不足的窘境。

悠遊卡雖然使用便利，但有不少新聞爆出悠遊卡有漏洞，例如停車場設定為五分鐘免費，在新北市有貪小便宜的車主，開車刷悠遊卡入場，停妥車子，然後又跑到出口處刷悠遊卡，系統誤以為車主要離開；當要取車外出時，又到入口處停下來，再持悠

遊卡刷卡，讓系統誤以為剛要入場，此車主得手數百次，後來被業主看監視器發現此車主行徑，於是報警處理，車主被傳到案後，被法院以詐欺起訴。

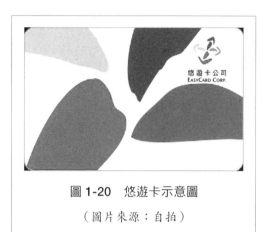

圖 1-20　悠遊卡示意圖

（圖片來源：自拍）

電子票證是可破解的

　　類似這種「鑽研」電子票證系統智慧卡漏洞的人，為數還不少，也有人破解晶片後，可以使用無限的額度，這個技術是叫做「Sniffer Network」，即網路監視或監聽之意，運用 LINUX 核心技術操作，本是利用擷取網路犯罪嫌疑人的上傳下載封包內容，若封包上有加密則須做破譯的程序，但由於需要留存很多轉取封包量與傳輸活動量的資料，因此需要耗費不少預算在儲存設備之上，還不如使用電話、傳真機或手機來的低。

　　那實際一點的新聞報導是，有一位科技公司的工程顧問，在網路上購買美國專用的讀卡機，並去閱讀美國破解電子票證的教學與程式，花了四個月時間獨自修改程式，以及修改讀卡機的圓

形天線（圖 1-21），將悠遊卡破解並修改餘額，一次製作了三張進行購物測試，但很快因為悠遊卡公司後端系統發覺有異，加上悠遊卡破解不完全，悠遊卡公司於是通知警方前往逮捕，以違反《電子票證發行管理條例》、詐欺等罪起訴這位工程顧問。

圖 1-21　修改讀卡機竟可以破解電子票證

（圖片來源 :Pixabay）

https://is.gd/ZK3kbA

個資洩漏疑慮淺談

但不必因為發生這些案例，就不敢使用記名的悠遊卡，上述就有講到需要專用機器和程式去破解，犯不著為了偷別人餘額而大張

旗鼓。另外，智慧型販賣機在鄰國日本已行之有年（圖 1-22），除了用貨幣購買外，也適用交通票卡，去日本旅遊的臺灣民眾都很常見，也不曾發生重大資安問題，或發生被盜用個資的情事。

　　但臺北市政府在各校園試辦智慧型販賣機的新聞，不少人擔憂學生使用悠遊學生卡有洩漏個資的問題，其實刷卡感應的過程中，也只會著重在當日售出商品在什麼時候賣出或時間，藉以了解那些熱門商品需要多上架，那些冷門商品需要做檢討，進行蒐集大數據，而非去蒐集個人資料，其實就跟顧客拿悠遊卡到實體便利商店去刷卡消費是一樣的，假若有問題，應該也沒人敢上門購物。

圖 1-22　日本很早就將交通票卡結合自動販賣機

（圖片來源 :Pixabay）

https://is.gd/ZX3e26

巧取豪奪，真假難辨

最後，用一則歷史故事來做結尾，時代背景為北宋，人物為書畫家米芾，字元章（圖1-23），喜歡收集古董字畫（圖1-24），也喜歡進行模仿，據說真跡與米芾的仿作排在一起居然無法判別，後來有句成語稱為「巧奪天工」，他的故事如下：

故事一：米芾非常喜歡書畫，曾經某日向同好商借古畫欣賞，並且臨摹真跡，等臨摹完成後，竟然將古畫真跡和他臨摹的假畫拿去商借的同好家裡歸還，同好在兩個版本中居然無法辨別哪一幅才是自己收藏的古畫。米芾利用這樣真假難辨的巧手模仿模式，從中獲取很多古畫真跡。蘇軾聽到這件事，故意在《二王帖跋》題句：「錦囊玉軸來無趾，粲然奪真疑聖智。」用這句詩來挖苦米芾。

故事二：很久以前有人傳說米芾在揚州儀真這個地方遊玩，在一艘宦官的船中看到王羲之的珍稀書帖，向書帖所有人請求以其他畫帖交換，但沒有得到允許。米芾因此大叫鬧場，要從船邊跳水自殺，收藏的人嚇一跳，覺得這人很奇怪，喜歡上的書畫，可以連性命都不要，在場的人口耳相傳，當作笑話在看。

就上述借鏡的歷史故事說明，若真想要破解悠遊卡的儲值，或者破解個資，也真的是要有很好的技術和時間，若想短時間就獲取龐大利益，也必須要有米芾巧奪天工的技術吧！

圖 1-23　故事一米芾擅長模仿真
跡畫成複製品，圖為示意

（圖片來源 :Pixabay）

https://is.gd/vxbxvz

圖 1-24　米芾在故事二的所在地
揚州一景

（圖片來源 :Pixabay）

https://is.gd/MGUJjp

文後短評

　　悠遊卡使用範圍越來越廣泛，隨身攜帶一張薄薄的卡就可以
四處消費，不只是搭乘捷運，也可以當作停車、搭乘大眾運輸、
加油、購買商品等現金支付卡。因此，使用悠遊卡必須要隨時注
意儲值、餘額等補登查詢，也要注意「實名」、「非實名」以及
「聯名卡」的遺失處理程序，以免被撿拾到後，被盜刷盜用，當
然養成習慣隨時確認是否在身上，才是正本清源之道。

悠遊卡構造與注意點

小知識

隨著悠遊卡授權設計的種類多元，但其實關鍵點就在一片指尖大的金屬晶片，使用者無法看到，以為是靠塑膠外膜在感應，但其實塑膠外膜只是保護作用，值得注意的是，不可因為好奇心去變造或破壞悠遊卡，否則視同放棄保證金的取回。

MEMO

單元 ❼

網路爆量點閱率的漏洞

點閱率與聲量的迷思

「點閱率」是宣傳個人聲量至關重要的一環（圖 1-25），所以在 Youtube 上的網紅 Youtuber 會賣力演出，並不是沒有原因的，能得到閱覽者的網路聲量越多，越能讓自己獲得廠商的垂青，進而獲得如雪片般代言商品廣告，或上電視談話性節目演出，讓自己有收入的來源。

所謂「重金之下，必有勇夫」，只要能演敢秀，能掌握議題風向，講話有趣或能搞怪，深具個人特色，就可以挾著眾多的網路支持者一夕爆紅，點閱率自然也會提升，但網紅如過江之鯽，所

有的網紅「高點閱率」，真的是網友點出來的嗎？還是透過相當手段取得？從下段文字案例來淺談。

圖 1-25 受到眾人矚目，聲量和點閱率成為指標。

（圖片來源：Pixabay）

https://is.gd/zWdK8O

點閱率是可以做出來的

據某媒體的外電報導追蹤，發現 Youtube 的影片點閱率，是可以以外包人工加工的手段製造，依照需求量的多寡，制定不

同的價碼，一但契約談成，隔天馬上就能成交（圖1-26）。相對的 Facebook 也有類似的情形發生，顧客端為了換取更多的點閱「讚」（Like）的次數，以付款的商業模式加強曝光度，或製造些假帳號來衝人氣，但其實表面的數目並沒有那麼多，再怎麼有人氣，也不可能一天就收到一個師團那麼多人的擁戴。

圖 1-26　點閱率是可以加工製造，還能議價

（圖片來源：Pixabay）

https://is.gd/3RBmvb

　　報載受訪製造點閱率的高手 Martin Vassilev 直說他就是依靠「市場需求」,「合法」賺取高額的酬金，也點出這是 Youtube 本身存在的漏洞，而 Youtube 公司本身很早就注意到這個問題，也用網路監視的模式在調查異常流量暴增的點閱率，如果是瞬間就成長，是會構成詐欺的行為。

點閱率的防範機制

　　點閱率暴增的防治方法，在臺灣其實很早就有圍堵機制，例如參加抽獎的網頁，有的規定帳號當事人一天就是點取一次，點第二次就不算，依此類推，後續無論在怎麼狂點，網管都會告訴你「本日已點閱過」，但道高一尺，魔高一丈的參與者，開始會向親朋好友借帳號來增加抽獎的中籤率，但多玩了幾次，負責任的網管也不是省油的燈，會剔除同一 IP 或一個 IP 在短時間爆量出現，所以不能心存僥倖，這都是資安人員管轄所在，除了有一雙「看不見的眼睛」隨時盯著，也有注意「你走過的路」的痕跡。

圖 1-27　點閱率爆量的問題，網管是可以監控的

（圖片來源：Pixabay）

https://is.gd/CwlldC

齊人之福的假象

我們知道戰國時期的孟子很會說故事，常會用寓言的方式，讓讀者能夠馬上理解，在他的＜離婁下＞說過一個很膨風的故事，國中課本也曾將這篇故事列入教材中，其故事原文是：

齊人有一妻一妾而處室者，其良人出，則必饜酒肉而後反。其妻問所與飲食者，則盡富貴也。其妻告其妾曰：「良人出，則必饜酒肉而後反；問其與飲食者，盡富貴也；而未嘗有顯者來。吾將瞷良人之所之也。」

蚤起，施從良人之所之。遍國中無與立談者。卒之東郭墦間，之祭者，乞其餘；不足，又顧而之他。此其為饜足之道也。

其妻歸，告其妾曰：「良人者，所仰望而終身也。今若此！」與其妾訕其良人，而相泣於中庭，而良人未之知也，施施從外來，驕其妻妾。

上面這個故事就是「齊人之福」典故的由來，因齊人每天外出回到家，都吃得酒足飯飽，引起聰明的妻子懷疑而質問，沒想到齊人碰風詐稱自己都被有頭有臉的大官請客。妻子心存懷疑，隔天一早就偷偷跟著後面一探究竟，沒想到第一個畫面是「城中沒有人願意跟她丈夫聊天問好」，緊接著看到最後絕望的一幕「在東邊城門的墳墓區，他的丈夫向掃墓的人家乞討祭品來吃」，回家後，齊人的妻子與妾痛哭流涕，直呼所託非人（圖 1-28）。

圖 1-28　齊人之福也是假象被揭穿後的崩潰

https://is.gd/2lXiwy

文後短評

　　點閱率原先的目的是要讓文字或影像上傳者，能夠有充實的
內容去吸引觀賞者品評，但很多作者為了要瞬間衝高點閱率，而
利用網路漏洞，去製造很多人點閱的「假象」，是否在「成名」、
「技術」、「內容」以及「商業」去取得平衡，就看網路商網管的
良心了，以網管技術而言，是可以有辦法制衡這些亂象，但衝高

點閱率不論真假，對網路商的招牌也是個很好的商業宣傳策略，因此睜一隻眼閉一隻眼也不太意外。

網紅的點擊率

據 Google 所提供的算式：廣告點擊次數 ÷ 曝光次數＝點擊率。這是公版理想上的算式。

原本是希望創作者和閱覽者能在良善的互動下，獲得相對應的獎勵，也讓創作者有個表現的舞台，但據知名網紅陳述，其收益並非只靠點閱率，主要是要靠「曝光度」來推展業務，重點是要有附加價值的能力，這些能力就看個人的屬性如何？以及如何獲得商家青睞來代言商品。

MEMO

單元 ❽

網路賺錢詐騙

網路綁架糖衣與勒索

　　如果天上掉下來的禮物，千萬不要以為自己賺到，尤其是線上遊戲 APP 所發出的訊息，充滿著綁架與威脅在其中。若有人發出要求協助測試 APP 遊戲軟體，就會給予相當的報酬，這絕對是假的，不可輕信。

　　常在新聞報導中，就有受害者輕易被「釣魚」釣中，詐騙方會要求受害者輸入一組帳號跟密碼，假意教學操作步驟，然後利用特定手機遠端搜尋功能，將受害者手機內的密碼鎖定（圖 1-29），再要求受害者重置手機，等受害者驚覺手機有異，無法順利開啟手機密碼時，詐騙方就會開始向受害者勒索高額解碼費用。

圖 1-29　遠端控制的手法，很容易鎖定手機

（圖片來源：Pixabay）

https://is.gd/wUrJyY

不妥協並循正規管道化解

　　遇到這樣的狀況，絕對要冷靜，不要以為付錢去解碼會了事，後續還有更多的勒索會無限進行，記得先去住家附近的警察局去備案，然後到合法的連鎖手機店去進行解碼，會獲得合理的報價，又能解決問題。

資訊教育的重要性，就是要大家了解，無論何種網站登入的帳號和密碼，都要視為極機密，不能輕易交給別人，更不能輕易與別人交換，因為智慧型手機有很多「遠端控制」的功能，可以遠端登入受害者帳號跟密碼，會使人蒙受金錢上的損失。

圖 1-30　任何的資安勒索事件，都可以到警局尋求協助

（圖片來源：Pixabay）

https://is.gd/sfR5zA

錢難賺！勿當網路火山孝子

另外一種遊戲的詐騙手法就是以虛寶和遊戲虛擬幣作為幌子，會在社群上貼文表示要便宜賣出，若被害者因為貪小便宜去付款購買，很容易什麼都拿不到，甚至詐騙當事人都找不到。

近期讓很多人受害的「MY CARD」事件，很多人因 FB 或 IG 被綁架，而被詐騙端借殼上市，讓親朋好友以為只是借少許款

項，不疑有他將錢全數匯出，等到錢匯出去後，向當事人詢問是否有收到，才發現是騙局一場（圖1-31），不僅傷了親朋好友間的信任，也讓帳號被盜的人平白無故蒙冤，因此，只要發現帳號有異常所前的訊息，請打電話跟當事人確認，千萬不要去當火山孝子，把辛苦上班賺來的錢被騙走。

圖 1-31　盜社群帳號詐欺金錢的事，時有所聞

（圖片來源：Pixabay）

https://is.gd/m5FNC8

喧騰一時的臺灣十姊妹詐騙事件

不管是什麼樣的騙局設計，都會牽引著「利益」去誘惑，沒有人會認為錢多多益善是壞事，因此類似荷蘭鬱金香球莖騙局就層出不窮，只要付一點點代價，就可以獲取暴利，似乎不會發覺某一樣東西被炒熱後，就是崩盤的開始，抑或是詐騙人準備捲款潛逃，在臺灣經濟起飛時期，曾經發生一件大騙局（圖1-32），這則在新聞事件如下：

「十姊妹詐騙事件」是發生在臺灣50、60年代，有香港商人來臺灣，宣布要大量蒐購「文鳥」與「十姊妹」，而且收購價格相當誘人，也宣稱會輔導如何飼養，吸引全臺灣民眾探詢。

港商高價收購文鳥和十姊妹的消息傳開後，對於臺灣剛從農業社會轉入工業社會的起步階段，傳統的家禽與肉豬飼養，已經不能滿足家戶副業的需求，一聽到養鳥可以獲得更大利益，便互相吃好逗相報的奔相走告。不少台灣民眾開始重本購買所需的鳥籠、鳥屋、餵養器材以及飼料，讓相關販售商家大賺一筆，也隨著養文鳥的熱潮，讓蒐購的價格翻漲，不少養文鳥的飼主都囤積居奇，想在更高的價格賣出。

當文鳥的收購價漲到不可置信的 1000 元高點時，港商開始暗地大量賣出，賺得好幾倍的收益後，便連夜捲款潛逃出境，留下面臨崩盤風暴的臺灣鳥市，以及投資瞬間化為烏有的錯愕養鳥人，在無利可圖的狀況下，養鳥人紛紛放生所飼養的文鳥，或賠本賣給烤鳥攤販。早期資訊不流通的臺灣社會，根本不曾聽說美國發生的「龐氏騙局」，因此很容易被親朋好友慫恿，落得破產的窘境。

圖 1-32　十姊妹詐欺是臺灣早期最大的詐欺案，圖為示意

（圖片來源：Pixabay）

https://is.gd/DlDSji

文後短評
··············

　　看完這個歷史較近的案例，雖然事件已經成為過去，但手法不變的詐術，一直反覆在全球各地發生，即便再有正規的金融投資機構，竟也淪陷在其中（例如雷曼兄弟）。隨著網路暢行無阻的現在，詐騙事件仍層出不窮，主要在於人的貪念無法根絕，同時沒有記取歷史的教訓，這些詐騙案例可做為資安教育的實際宣導，才能降低詐騙事件的發生。是否還覺得網路放出賺錢的訊息可以輕信，只要想通一點，凡事只要跟錢有關的事，一貫的原則就是拒絕，才能保住所賺的辛苦錢，沒有不勞而獲的。

小知識　　　　　**飛客與釣魚**

1970 年有發生飛客事件，就是利用改造受話筒的結構，而免費打電話，改裝道具是利用玉米片包裝贈品的兒童口哨，以及自製的藍色小盒子，當然無限制免費打電話，引起美國警察的注意，逮捕違法的飛客。而現在「釣魚」的詐騙的手法，並不需再更改設備，只需在「遠端遙控」、「木馬」等程式的運用，就可綁架受害者的相關金融資料。

MEMO

單元 ❾

自駕車電腦的漏洞

自動駕駛改變了城市生活

　　科技日新月異，自駕車的研發也如火如荼的展開，人類未來可以在開車上路時，讓電腦控制汽車的行進、時速快慢、煞車、轉彎，甚至可以交由電腦開關冷氣、調整冷氣強弱、開啟音樂、開啟車燈、開啟防盜等功能，這是何等夢幻的事，在人類開車感到疲倦，或有其他要事要處理，可以暫時交給自動駕駛系統代行，就很像霹靂遊俠李麥克一樣，用手錶呼叫「夥計」，就可以直接放給電腦去判斷和處理。

　　儘管臺灣目前自駕車研發很火紅，也運用 AI 人工智慧、語音系統、5G 等相關先進技術投入，企圖趕上「智慧城市」的創建，但綜觀各縣市佈局狀況，只有臺北市在進行智慧公車的測試，其他縣市並未將自駕車納入建設之中，尚離智慧城市有一段需要再努力的空間（圖 1-33），而且目前街上奔馳的自駕車是馬斯克的特斯拉，也不算是普及，在下段落會提及問題所在。

圖 1-33　人駕車轉自駕車仍有一段路要走

（圖片來源：Pixabay）

https://is.gd/68Eprj

語音系統的辨識問題

　　自駕車表面上看起來很理想，但在自駕工業技術尚未純熟之際，傳出很多因為訊號干擾造成的事故（圖1-34），例如駭客宣稱可以簡單用藍芽或無線網路，讓電腦誤判，做出違反車主本意的事，輕則只是被鎖車門無法進出，或者音樂音量無法控制等事件；重則讓車子陷入交通事故，讓車主莫名其妙的蒙主寵召。

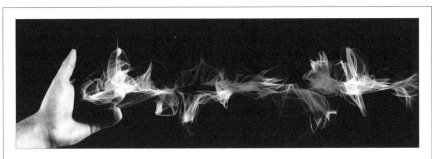

圖1-34　自駕車語音辨識連結仍存在很多問題待解決

（圖片來源：Pixabay）

https://is.gd/Xl34nI

　　與自駕車有同樣缺點的，像A牌智慧型手機的SIRI，也常錯誤解讀手機持有者的本意，搜尋出來的結果通常雞同鴨講，更不用說安卓系統的Google語音助理，彷彿要你去上正音班一樣，不然得出的結果就很令人無言。

　　雖然自駕車是未來趨勢，但現行自駕車幾乎是不會放棄原本的人工手動駕駛，至少回歸人為的判斷，還是能救自己一命，抑或若未來技術有所突破，自動駕駛電腦可以利用 AI 晶片向人類學習，甚至能自我修正和躲避不良訊號的干擾。即便號稱技術領先車界數十年的 F1 一級方程式賽車（圖 1-35），也不敢輕易的讓自動駕駛投入比賽中，但他可以透過賽車上的電腦去遠端連線，了解駕駛人的身心狀況，或藉由電腦判斷賽車何時該進站加油、換機油、換零件、換輪胎，以及讓維修人員提早準備維修備料，這些都是 F1 測試過的成功技術，如果能搶先一步在賽車場上布局和進行戰術策略，贏得比賽的機會會相對提高。

圖 1-35　F1 一級方程式賽車技術是所有汽車產業的前瞻

（圖片來源：Pixabay）

https://is.gd/uXpV0S

墨子的工匠精神

即便自駕的電腦有其漏洞，但每次的錯誤和失敗，都是能讓自動駕駛系統改良的養分，古代的科學家也是如此，在此舉出戰國時代墨家的首領墨翟，是一個機械的天才，在古代沒有太多的材料可以利用的情況下，還是克服困難發明了雲梯車、連弩等劃時代的發明，但最令人驚訝的，可看以下被韓非記錄下來的故事：

墨子做木頭老鷹，用了三年的時間做成了，飛了一天後壞了。

他的弟子說：「老師您真有智巧啊，竟然能讓木頭的老鷹飛起來。」

墨子卻說：「我不如做車轅的木匠能幹啊。（他們）用僅一尺的木頭，不用一天的時間，卻能承載

圖 1-36　木鳶示意圖，接近現代的風箏
（圖片來源：Pixabay）
https://is.gd/xdpYCc

三十石（重量單位）的重量，到得了很遠承受的壓力大，使用時間長達很多年歲。今天我做老鷹，三年才做成，飛一天就壞了。」

惠子聽到後說：「墨子才是真正的巧匠呀。他知道製作車轅這樣對人有用的器物才是巧，而製作木鷹這樣的無用之物就是拙。」

文後短評

　　就以上的歷史故事可以做為自駕車電腦漏洞改良的思考方向，因為墨子懂機械原理，所以他對自己所做的機械木老鷹有多少能耐很清楚，並且能夠舉出比自己更厲害的機械力學，如此反思，反而是邁向成功的起點。未來「智慧城市」的交通網絡，以及交通工具自駕車，是否能向科幻劇一樣實現，前景是很樂觀，技術也會再進化，就拭目以待實現的那一天。

小知識

自動駕駛的分級

根據自動工程學會對自動駕駛的分級 0-6 分別如下：

① 0 →無自動化，全部均由人類駕駛。

② 1 →除轉向和加減速由系統和人類共同切換控制外，其餘功能均
　　由人類駕駛。

③ 2 →除轉向合嘉減速由系統主控外，其餘功能均由人類駕駛。

③ 3 →除複雜情況動態駕駛由人類控制外，其餘功能均由系統控
　　制。

④ 4 →全部由系統操控，但範圍有侷限。

⑤ 5 →全部由系統操控，但範圍較廣。

單元 ⑩

詐騙集團挾持書商事件

線上購書已成為趨勢

近年來，上網買書成為一種習慣，只要到書商的網頁選擇要買的書，並選擇多樣的付款程序，例如信用卡支付、貨到宅付款、貨到超商付款或線上支付等方式，經過徵信完成程序後，書商就會傳一封電子郵件或手機訊息給購書者，表示已經收到訂單，並附上編號，以及何時調書？何時寄出？何時寄達？購書者都可以上線掌握時程，假如調書端無法出書，也會通知辦理退款。

圖 1-37　點 3C 電腦就可以在網路上完成購書程序

（圖片來源：Pixabay）

https://is.gd/QkJ2Sk

詐騙集團竊取個資的手段

看似服務到家的線上購書，也覺得書商在資安方面會很重視，應該不會有「客戶個資外洩」的情形發生，但很奇怪，卻屢屢出現顧客接到詐騙訊息，詐騙端會將購書流水號、購買書名、購買冊數、購買日期講的很確但會故意說你多訂了一本或多本，如不在期限內把書款付清，會進行法律程序，也就是說會一條龍做到「假傳票」、「假律師」、「假檢察官」等詐騙手段。

這種類似「釣魚」的手法，是無法利用購物網路去做資安防範的，很多都是書商端在處理報表的同時，忘記進行碎紙的程序，或者一批一批去做資源回收，被有心人竊取，並進行兜售給詐騙集團，所以詐騙端能很輕易地知道你的名字跟連絡電話，乃至於地址。

圖 1-38　詐騙集團是不會露出真面目

（圖片來源：Pixabay）

https://is.gd/b3KI08

冷靜尋求協助

這種利用購書個資外洩的詐騙，臺灣已有大大小小的書商受害，大的書商可以和客戶互動的方式，將防詐騙的文宣隨書附上，或在網路進行防詐騙教學，甚至多設防詐騙專線。只是小的書商就倒楣了，沒辦法像大書商可以快速進行防詐騙保護程序，造成商譽的降低，

圖 1-39　網路書商的個資外洩事件
日益嚴重

（圖片來源：Pixabay）

https://is.gd/7TiZYn

以致於成為詐騙集團的寄生體。即便是無力還擊，警察有提供「165」的專線可提供防護性諮詢，顧客若接到疑似詐騙會前的訊息，請先冷靜下來，打電話給警察報案外，也可以將詐騙端何時打來？要你做什麼？如實的陳述，就可以讓身家財產獲得保護，切勿自作主張的去匯錢。

挾天子以令諸侯的警示

遭受詐騙端威脅的書商，就如同歷史上三國時期發生的「挾天子以令諸侯」的情事，挾持「天子」（書商）的招牌，讓其他顧客（諸侯）能乖乖就範。

時間移到東漢末年漢靈帝中平年間，外戚何進為了剷除宦官十常侍的勢力，計畫引進并州州牧、并州刺史兼河東太守的雄藩董卓，帶兵前往洛陽進行「清君側」，但外戚何進因計畫敗露，率先被十常侍殺掉，董卓進兵至洛陽時，發現洛陽皇城火光四起，亂兵四起，在得知何進被十常侍謀殺，以及京師衛隊將領袁紹率兵誅殺十常侍後，改變策略急去搜尋靈帝的長子和庶子。

在尋找到兩位皇子後，擁立皇長子為少帝，同時並進行吞併其他軍隊，從原本入京時僅有三千西涼軍隊，持續擴充到數萬人，其中得到丁原的精銳騎兵以及猛將呂布，讓軍事實力整整提升數個檔次，接著脅迫漢少帝下令加官晉爵，並進一步讓自己（董卓）進封到相國，在政治權位與軍權提升到頂點之後，隨即廢掉漢少帝劉辯，改立僅九歲的陳留王劉協為獻帝，更狠的是董卓隨即燒掉首都洛陽，並脅迫漢獻帝一起前往長安，漢獻帝自此命運就掌握在軍閥手上，直到董卓敗亡，漢獻帝又被曹操所挾持。

圖 1-40　東漢末期，董卓憑藉強大的軍事力量挾持了皇帝，藉以威脅各地諸侯。此圖非當時，僅借作示意圖

（圖片來源：Pixabay）

https://is.gd/CXO4hS

文後短評

　　就歷史故事對照現在詐騙實況來說，一旦被借殼上市，需要花很多時間才能擺脫，抑或者持續被利用來騙取錢財，長期下來，公司非倒即散，因此，企業的資料銷毀流程必須做得更加徹底，也必須加強「再三核實」的必要，保護自己，也保護顧客。

網路書店詐騙事件與防範

知名的二手書店遭詐騙集團鎖定詐騙讀者事件，在報章的報導下，共計二百多人受騙上當，損失二千多萬，多是假冒客服人員來電，向讀者表示有「分期付款出錯」或「多購圖書」等問題，希望讀者按指示操作 ATM 帳戶來重新轉帳，不少讀者未經查證，又在驚慌之下匯出款項受騙。防範要點：①待上班日回電給網路書店求證。②找出購書發票，保存證據。③至派出所請求協助。

PART

2

資安在生活上的警示

單元 ❶

上古的數學加密系統－八卦

上古加密訊息的起源

　　上古時期，尚未有文字發展之前，是透過「符號」作為記事的訊息，這些符號在現在看來，彷彿是一大串的天書，但其實是上古先民的智慧結晶，取自於天地原野的自然現象，諸如風火雷電、日月星晨，將所見記為符號，再利用符號與符號之間的相生相剋原理，成為日常生活的紀錄，以便於成為「經驗」。

在此，我們追溯到伏羲氏發明八卦來說，八卦的生成是有順序的，「太極生兩儀，兩儀生四象，四象生八卦」，若將太極解釋為地球圓形的球體，它有著白天（陽）和黑夜（陰）互相交換，稱之為「兩儀」；有了日月交替，就會有「四象」，也就是春、夏、秋、冬季節交換，或者以東青龍、西白虎、南朱雀與北玄武，代表氣候的冷與熱是有漸層的；接著天地所產生現象，稱之「八卦」。

八卦與二進位系統的關聯

接著就來聊「八卦」，其實它是盤古開天闢地以來，最早的簡易系統加密，若要類比現在的科技，可以把電腦單晶片 8086 作為類比，計算機的機械程式語言是「0」與「1」二進位為基礎，由 0 到 7，分別是「000」「001」「010」「011」「100」「101」「110」「111」呈現。對計算機而言，這是再平常不過的排序，伏羲氏發明的八卦跟這有什麼關聯？但若把八卦的符號改成二進位，會產生有趣的結果。八卦符號— —，兩個槓，中間不連接，代表 0；八卦符號—，一條槓，中間連接不斷，代表 1，參照下表 1-1 就以二進位來排序八卦：

表 1-1　八卦符號轉化進位數字表

八卦圖示	名稱	意涵	二進制	十進制
☷	坤	地	000	0
☳	震	雷	001	1
☵	坎	水	010	2
☱	兌	澤	011	3
☶	艮	山	100	4
☲	離	火	101	5
☴	巽	風	110	6
☰	乾	天	111	7

　　上述的排法，有著驚人的發現，在沒有精密計算機的運算下，依照天地之間的自然現象，就可以列出與電腦相通的進位法。並且可以說「加密」的數字，可以運用數學算法算出，是個有趣的數字遊戲。當然若只有八個基礎的組合，它只是單一的狀態，到了宋朝時期，邵雍和朱熹又衍生出「六十四卦」，其實就是將兩個八卦相疊的方式進位，在此，擷取金庸小說《笑傲江湖》中獨孤九劍的總訣式前一段：「歸妹趨無妄，無妄趨同人，同人趨大有。」

表 1-2　六十四卦中的複合卦象

八卦圖示	卦象	相屬關係	自然釋義	二進制	十進制
䷵	歸妹卦	上雷下兌	澤上雷鳴	001011	11
䷘	無妄卦	上乾下震	天空雷鳴	111001	57
䷌	同人卦	上天下火	天火相融	111101	61
䷍	大有卦	上火下天	火在天上	101111	47

　　如上表所示，金庸的小說很廣泛在武術心法之中加入八卦暗語，如果仔細的對照，同時它也是二進位轉換為十進位的一個排列，從文字字面來看，假如沒有進一步解釋武功心法想透露的真正的訊息，很容易被這類似的暗語所誤導，進而像金庸另一部小說《俠客行》，一群武學大師在俠客島用自己的意思練功，單單只有石破天一人看著蝌蚪文符號練成絕世神功，所以，用最簡單的符號加密，反而加深想破解人的思慮。當然，在此並不作解釋卦象的動作，只是將這上古伏羲氏發明的卦象，用現在進位法方式呈現出來，原來它並不是那麼的落後。

文後短評

在國產遊戲《軒轅劍》系列，遊戲中也廣泛使用八卦作為破關的密碼鎖，並不因為古老，反而可以省去繁複的排列組合，無論怎麼設計，在數學運算都可以做到，或妥善利用 AI 協助。抑或可以援引摩斯電碼來設計，就像電影獵風行動一樣，思考以少數民族語言作為密碼鎖，讓外人不容易解碼，不失做為科技密碼的另一項轉化，更能深化資訊的安全。

MEMO

單元 ❷

印刷檔案的資安問題

印刷術的黑暗年代

　　拜印刷術與紙的普及，讓頭腦中的想法與創意，藉由出版將知識傳遞給世人，這些都是得來不易的自由，在歐洲中世紀，教廷擁有至高無上的威嚴和權力，是上帝派在人間的代理人，因此封建時代的世俗君王，都不敢任意違抗教廷的旨意。

　　中世紀有一段時間，「印刷術」是被教廷嚴令禁止，連同歐陸各國國王和各邦諸侯也都奉為圭臬，如果沒有教廷的允許，擅自從事印刷，是會被視為離經叛道之人，嚴重會被判以死刑，但有一樣出版品不會被禁，就是《聖經》，因為大量傳布有助於信教人數增加，也能強化宗教思想和熱誠。

圖 2-1　位於義大利羅馬的聖馬利亞大教堂

（圖片來源：Pixabay）

https://is.gd/eJ97ua

古騰堡的鉛字印刷革命

　　若有讀過《古騰堡的學徒》這本小說，書中有把研發鉛字印刷的艱險過程，描述得很精采，縱使這不是正確的歷史，但相當接近實況。

　　古騰堡是日耳曼神聖羅馬帝國時期，住在美茵茲城邦的沒落貴族，由於負債累累，加上官司纏身，因此用三寸不爛之舌說動

了富商，出錢讓他研發印刷機台，由於古騰堡本身是金匠，試過不同組合金屬過後，決定採用鉛字作為字塊材質，優點輕，易於撿字，但缺點是印壓多次後，字塊會損壞，必須重鑄。研發的過程曾被教廷找麻煩，讓他必須躲躲藏藏，但後來向教廷提議印刷精美的《聖經》，以及＜贖罪券＞後，讓古騰堡得以翻身，但卻也讓以手抄寫聖經的神職人員，就此失業，加上後來鉛字印刷在歐陸普及，使得手抄業從此衰落。

圖 2-2　法國史特拉斯堡的古騰堡廣場銅像

（圖片來源：Pixabay）

https://is.gd/AZwS6n

圖 2-3　古騰堡的第一台鉛字印刷機

（圖片來源：Pixabay）

https://is.gd/wNLYtn

五角大廈洩密案始末

　　上述用很長的說明印刷的發展史，以說明「資安問題」亦包含所有的印刷品和出版品，並不只侷限於電腦資訊領域，在此我們借鏡 1967 年在美國發生的五角大廈文件洩密案，即《美國－越南關係，1945-1967：國防部的研究》所衍生的案外案。

圖 2-4　美國國防部所在的五角大廈

（圖片來源：Pixabay）

https://is.gd/anUV6n

　　這本研究案由時任總統詹森任命的國防部長羅伯特・麥納馬拉所主導，性質是越戰期間政府決策的檢討報告書，原本屬於國家內部極機密文件，事涉敏感不能外洩。能拿到這份報告書的，除了極少數決策者外，還有國防部的智庫單位－蘭德公司，沒想到始料未及的被智庫公司的分析師丹尼爾・艾爾斯伯格洩漏給《紐約時報》與《華盛頓郵報》兩家報社，但報社方主編會議在討論是否將這份檔案公諸於世時，原先報派方委任律師是表達

反對的意見，但最終被另一法律顧問，以美國憲法第一修正案中「言論自由」與「新聞自由」說動，而決定出版刊載。

　　此事一爆發開來，牽動甘迺迪與詹森兩任前總統的決策問題，時任總統的尼克森受到很大的輿論壓力，因此時任國務卿的季辛吉獻策決意先以《間諜法》讓丹尼爾‧艾爾斯伯格鋃鐺入獄，接著利用國家機器迫使《紐約時報》與《華盛頓郵報》停止刊載。經過多年的訴願，終於秉持新聞自由，還給兩大報社公道，以及解密五角大廈的文件。

文後短評

　　就此事件看來，資安的保護，絕對也要擴及紙本文件的保護，但權責單位應由文書檔案相關部門管轄，並非由資安部門，責任會過於沉重，畢竟私人公司與公家單位導向不同，洩密與否，是會牽動多人，處理過程，不得不慎。

單元 ❸

紙本檔案的資安問題

電子化歸檔的問題

任何組織每年每月的工作紀錄，照例都需要歸檔處理，目的方便檢索、核對，或做為證據，除了電子化歸檔外，紙本的歸檔也是相當重要，因為我們不能保證全年電力都是穩定的，縱使有不斷電系統（UPS，全稱為 Uninterruptible Power System），在長時間沒有電力供應來替電池充電，也是有時效限制。

我們曾在日本動畫《夏日大作戰》中，看到駭客可以短時間癱瘓所有城市的電網，造成秩序一團混亂，這會不會在現實發生呢？或許不會以這種形式，但臺灣地震、颱風多，停電已經是家

常便飯之事，尤其 1999 年
921 大地震時，就能體會如
同《夏日大作戰》的混亂。
既然評估電力有時會影響電
子檔案的歸檔，那麼紙本的
歸檔就要做的精實，以便可
以隨時作為翻閱。

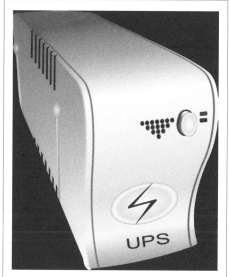

圖 2-5　企業電腦所使用的不斷電系統

（圖片來源：Pixabay）

https://is.gd/qGvSWS

紙本檔案的查閱機制

　　筆者的系列文當中，有提到美國五角大廈洩密案，這是典型
的紙本檔案監守自盜的案例，對政府信譽來說是個傷害，因此往
後在處理紙本，會依照屬性存放在國家不同部門的庫房或圖書典
藏單位（例如檔案局），若要調出閱讀，必須透過事先申請，在相

關人員層層審查，依時效性
或敏感性，或依照紙本紙質
的狀況好壞，再決定檔案是
否供讀者閱讀。即便申請通
過，讀者仍須按規定戴手套
與口罩，並由管理人員在旁
陪同。有的檔案存放單位會
規定「只准現場看，不准複
印」，或是「可複印，但限制
複印數量」，這是國家檔案調
取閱覽的流程，可增加國家
檔案的安全。

圖 2-6 　紙本檔案調閱有一定的程序

（圖片來源：Pixabay）

https://is.gd/6E2RzX

　　私人單位會依照部分的不同，設定存放的位置，若是不同部
門，絕對無權到他部門借閱紙本檔案，應經當部門主管及上級主
管同意借閱，否則視為偷竊。有些部門和部門間，存在著競爭和
利害關係，不出事最好，一出事絕對惡人先告狀，自我澄清，就
要把紙本檔案最為呈堂證供，時間、地點、業務事項都要準確，
否則一旦無法澄清，就是跳下黃河也洗不清。最好的方式，是在
歸檔的同時，自己和部門主管都要有副本存查的習慣，因我們無
法預測「推諉卸責」究竟傷害會有多大。

圖 2-7　聖彼得堡

（圖片來源：Pixabay）

https://is.gd/TD9MFM

戰爭所衍生的紙本檔案

　　歷史上最顯而易見的就是「簽訂條約」的紙本存本，這也視為解決國與國之間糾紛的憑據，可就當時主導簽約的全權代表，逐條審視往後對國家有何影響，以決定是否藉由談判的方式，去修改或檢討不平等的條約的原因。例如清朝第一個與俄羅斯簽訂的《尼布楚條約》，時間發生在清朝康熙二十四年（1685）到康熙二十八年（1689），沙皇彼得大帝派軍隊侵入貝加爾地區的尼布楚

河與石勒喀和交界處，建立雅克薩城，對於清朝北疆國防而言，無異是個危險的存在。

因此康熙皇帝派出名將彭春二度帶兵擊敗雅克薩城的俄國守軍，並毀掉雅克薩城，逼使俄羅斯必須要和清朝簽訂《尼布楚條約》，這個條約的簽訂，打破以往史家對清朝閉關自守的錯誤印象，而且這個條約是依照國際法簽訂，同時，清朝也重用葡萄牙籍耶穌會士徐日昇和法籍耶穌會士張誠參與條約的簽訂，簽訂的文字有清朝的滿文本；俄羅斯的俄文本，但無論是哪一個版本，都要以傳教士版的拉丁文本為主要依據，以便排解日後的糾紛。

圖 2-8　紫禁城是皇權中心的所在

（圖片來源：Pixabay）

https://is.gd/nkl61x

文後短評

　　紙本的檔案憑證也屬於資安的一部分，因此有必要使用較好公文夾，或能除溼的保險櫃，以及防蟲蛀的設施，有了者些憑據，無論在內部糾紛，或外在法律談判，都能有所助益，也能減少在複印時間的等待，但也須注意用完立刻自動繳回，以避免被有心人士不當使用，使組織蒙受損失。

　　另外，紙本檔案關於條約部分，元件多交給國家博物館妥善收藏，不論時間或地域的改變都是有法律效力存在，以便於日後糾紛時，能夠提出有力的證據，當然若能有多語言版本留存，也顯示當時的外交官具有遠見，例如本文所舉的尼布楚條約，就是個很成功的案例。

單元 ❹

資安的基礎教育

企業的資安大鎖

　　在一個企業上班，企業常會為了資訊安全，會指示資安部門鎖硬體或鎖網路，常見的手段中，鎖 USB（Universal Serial Bus，通用串列匯流排）是很常見，目的不讓公司商業機密被有心人用隨身碟拷貝檔案帶離公司，會利用公司設定的 FTP 伺服器（File Transfer Protocol server，網路上的一種檔案伺服器，允許使用者經由網路上傳、下載檔案）傳輸軟體，作為傳輸檔案的內部控制，雖然都看起來很理想，但同時間同部門一起傳輸，加上網路流量控管的關係，整個速度就被拖慢，造成不管上傳或下載，需

要耗費很多時間，致使工作效率整個下降。雖然想快速處理檔案，但只能看著公司電腦徒有 USB 孔，卻無法立即將檔案透過 USB 傳輸至隨身碟立即處理，可能還要拜託資安部門開啟權限，或著跑一些哩哩摳摳的程序，著實會讓人抓狂。

圖 2-9　企業的資安部門鎖硬體屬於常態

（圖片來源：Pixabay）

https://is.gd/C7VEaD

建立正確的硬體維護觀念

其實鎖來鎖去，都是多餘的動作，只是求心安，未必能增加工作效率。另外，重點來了，公司為控制成本，常常一台電腦用到爆掉才會重新組裝新的，整個電腦靠著年老 CPU（Central Processing Unit，中央處理器）和貧困的 RAM（Random Access Memory，全稱為隨機存取記憶體）硬撐，運行的速度慢到想哭，這時又多加限制，如同被繩子綁住的重病患，再去鎖他又有何益？再者，操作者本身對電腦軟硬體知識認知薄弱，造成很多錯誤觀念，例如：

(1) 電腦速度變慢，會先入為主認為電腦中毒，其實是資料備份檔囤積過多，沒定期去清硬碟垃圾的關係。

(2) 電腦螢幕出現藍頻，也說是中毒，多次處理下來，多半是記憶體插槽積灰塵所致，或記憶體金手指氧化，只要重視清理程序，多半可以化解。

錯誤的認知常會讓資安部門疲於奔命或身兼數職，真正遇到資安問題，反而難以周全。

圖 2-10　有時電腦的問題，並不是資安的問題

（圖片來源：Pixabay）

https://is.gd/1JFkTC

資安官僚的假象

近期日本朝日新聞刊載一則報導，如同筆者上述所言現象，時間在 2018 年 11 月 16 日，地點在眾議院內閣委員會，被質詢的主角是日本資安戰略大臣櫻田義孝（さくらだ・よしたか），在日本國會審查一項關係網路安全法令的議案《網路安全基本法》

時，立憲民主黨議員今井雅人（いまいまさと）質詢問道：「該如何保護自己網路的安全？」，沒想到『資安戰略』大臣說：「過去都是交代職員或秘書處理，並沒有自己操作過電腦。（引用自朝日新聞中文網記者大久保貴裕報導）」也說道：「不知道 USB 是什麼？」語畢，讓在場的國會議員瞠目結舌說：「讓沒有操作過電腦的人來研擬對策，簡直令人難以置信（引用自朝日新聞中文網記者大久保貴裕報導）」，這則新聞顯然是照妖鏡，也反映出時下社會還有很多民眾對於電腦資訊是貧乏的，不也是國安危機嗎？

濫竽充數的借鏡

從不懂資安卻負責資安的怪象來看，突然想到一則出自戰國時期韓非子著作《內儲說上篇》的一則寓言，成語叫做「濫竽充數」，故事內容如下：

原文

齊宣王使人吹竽，必三百人。南郭處士請為王吹竽，宣王說之，廩食以數百人。宣王死，湣王立，好一一聽之，處士逃。

戰國時期齊國，有一位君主齊宣王，他非常喜歡聽竽這種竹管樂器，每次宴會演奏一定要三百人大合奏。有一位隱士南郭先生因生活無以為繼，聽到齊宣王要徵召吹竽的樂手，也不管會不

會吹竽，就自我推薦到齊國首都臨淄王宮應徵，齊宣王感到很高興錄取，也宣布免費供應三餐。但齊宣王卻不知南郭先生不會吹竽，也沒有考試，讓南郭先生混跡在三百人樂團中，而南郭先生每逢合奏，就裝模作樣，心裡暗自竊喜。

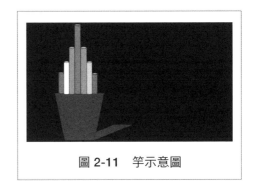

圖 2-11　竽示意圖

只是南郭先生的好日子沒過太久，不久齊宣王過世後，王宮有了重大改變，繼位的齊湣（音敏）王，雖然也繼承他的父親喜歡聽竽的雅好，不過卻排斥聽多人的合奏，喜歡聽一個一個單獨演奏竽，南郭先生知道無法繼續欺騙，就連夜從首都臨淄逃跑。

文後短評

引用這則歷史故事，藉以對照現在日本荒唐的資安戰略大臣，契合到一點都不違和，如果連基礎知識都沒有，還被識破，如同紙糊壁紙，經不起考驗，問題會不斷的衍生。

　　因此各級學制在《計算機概論》或《資訊概論》等課程的設計，必須要搭配實物的解說，不能只在理論上講述，最好是拆報廢的舊電腦給學生看，或讓學生親自體驗，才能在資訊教育看到全貌。也就是說要扎根資安前，或政府在倡議學寫程式前，務必讓所有國民對電腦硬體有初步了解，才是正本清源之道，一步升天，就真的會升天。

MEMO

單元 ❺

公司的資安系統

消極的高牆圍堵

　　近代談起資訊安全，最常見的是圍堵病毒、木馬或惡意程式，築起一道道嚴密的防火牆（Firewall），又利用閘道（Gate）的概念，詢問電腦管理者，是否能讓某應用程式執行，或者警示下載的檔案是否有夾帶傷害電腦系統的病毒或惡意程式，嚴密的措施，或許會讓人很安心，但不斷跳出來的詢問方塊視窗，以及不斷的警示聲響，就現實生活來說，就很像政府不斷「擾民」一樣。

　　有時又會覺得防範過頭，也會影響工作的進行，萬一電腦的記憶體不足或未關掉其他應用程式，一跳出來視窗，例如原本在進行 OFFICE 軟體進行輸入，突然開始畫小圈圈，卡住整個軟體，輕則需要長時間等待，重則關閉整個程式，造成未輸入存檔（雖然可利用暫存檔找到輸入文字檔案，但此處不細說）。當然，我們能了解有一好沒有二好，就像感冒不先投藥遏止病毒的感染，讓身體能減緩病毒所造成的痛苦，就難以進行調理的動作。

圖 2-12　防堵策略並非資安最好的解方

（圖片來源：Pixabay）

https://is.gd/Avegog

建立正確的資訊基礎

　　整個資訊安全最大的問題，筆者在前幾篇有提到「資訊教育不足」的淺見，除了使用者軟硬體欠缺基本維護常識，也欠缺備份的基本功夫，更不會有人會提醒網路下載過後，要刪除安裝程式（會改版，留著占空間），以及需要定期去清下載後所造成殘存的垃圾檔案，就很像便秘肚子脹氣很難受，腦中就會反映身體的不舒服，但很多時候看完醫生，醫生都會建議多吃蔬菜和水果，做好作息管理，以及適時的運動和喝開水，才能讓消化道順暢，才不會搞到最後身體虛了，讓病毒趁虛而入變成「大病」。

　　做好電腦的檔案分類和管理，以及加強網路下載程式是否可以存放到電腦，比起更多的防火牆更加重要，適時的檔案疏導，電腦遇到狀況時，比較能從容應對，所以在 108 課綱再談程式碼的同時，筆者更覺得需要將「計算機概論」和「網路概論」多花些時間精確去教，而不是跳躍式的前進。

圖 2-13　資訊教育是資訊安全的最厚實基礎

（圖片來源：Pixabay）

https://is.gd/F83IQa

借鏡古人的智慧

　　譬如用中國上古堯舜時期的水災防治選才的思維，舜一開始以禹的父親「鯀」作為負責人，鯀沒有去理解河川形勢（黃河），洪水奔流到哪裡，就築土堤（防水牆）築到哪，越築越高，卻屢次被洪水沖毀，造成民眾莫大的傷亡，以及農作物的損失，鯀治理九年，卻無法遏止洪水的奔流，舜一氣之下，將鯀處斬。

　　舜第二次選拔治水人才時，以鯀的兒子禹作為治河總負責人，禹基於父親的失敗經驗，帶著幕僚「棄」與「益」，以及隨行工人，開始實地勘察洪水的流向、山川高低的形勢，發現了問題所在，將蒐集到的資訊，用於治水施工之上，看到阻擋水路的山，就剷掉整座山；行至低窪地區，就在低窪處築堤；遇到積水較深的地區，將積水排入大江、大河中，再將大江、大河的積水排入大海中；歷經十三年的辛苦治水，成功的成果應證大禹疏導洪水的 S.O.P 是對的，避免再犯築高水牆防災的錯誤。

圖 2-14　　治理水災不是一再的防堵，而是懂得疏導

（圖片來源：Pixabay）

https://is.gd/aKNjd0

文後短評

·············

　　古人與大自然搏鬥的經驗是可以借鏡，相對的，企業與組織的資訊安全，也是每天必須面對不同網路攻擊的「洪水」，我們需要的是一面一面的牆去圍堵的鐵律，還是說教導「疏導」觀念的彈性運用，如同法律上總會援引「判例」來減輕法律人員判決的壓力；或者木匠可以藉由設計圖稿為基礎，減少因施作木器而產生的不平衡狀況。也就是說「疏導」是在過去的資料庫找成功的策略，而不必窮於應付去鎖門防範。

單元 ❻

通訊軟體的資安問題

擷取訊息與惡的距離

··

　　通訊軟體的便利性與多功能是使用者的最愛，但有一個功能是讓人又愛又恨，就是擷取訊息畫面，其實使用桌上型也有類似的功能「剪刀」，或者用「PrintScreen」一樣有著同樣效果，雖然很好用，但也會被視為「抓耙仔」，像公司行號中，會有私密的群組傳著公事上八卦訊息，例如甲和乙的工作對話，若乙覺得甲講話態度很差，就會把訊息節錄部分，然後跟丙和丁等人傳布，會要求保密，但不經意又從這些「二傳」的人傳出去，造成甲的不滿，進而發生紛爭，輕則私下和解，重則訴諸法律。

圖 2-15　通訊軟體擷取片段傳布，存在著法律問題

（圖片來源：Pixabay）

https://is.gd/EgzKWX

洩漏訊息是會觸法

　　像擷取訊息畫面糾紛這類的事件，天天都在發生，肇因在個人公私不分，也沒有洩漏隱私對話是會觸法的基本法律常識。兩造談話，除非一方認為無傷大雅，也有溝通過，才能將訊息公開；若只是因為個人的私怨，或者只想要訴苦，在未被同意而隨意散布訊息，是會觸犯刑法第 310 條『毀謗罪』及民法第 184 條『侵權罪』，因此，在公司行號中必須要在員工訓練時耳提面命，也要加強提醒不要將公事不快，在下班後用通訊軟體傳布在社群中，若是一意孤行，公司是可以進行處罰。

小知識　中華民國刑法第 310 條意圖散布於眾，而指摘或傳述足以毀損他人名譽之事者，為誹謗罪，處一年以下有期徒刑、拘役或一萬五千元以下罰金。散布文字、圖畫犯前項之罪者，處二年以下有期徒刑、拘役或三萬元以下罰金。對於所誹謗之事，能證明其為真實者，不罰。但涉於私德而與公共利益無關者，不在此限。

小知識　中華民國民法第 184 條因故意或過失，不法侵害他人之權利者，負損害賠償責任。故意以背於善良風俗之方法，加損害於他人者亦同。違反保護他人之法律，致生損害於他人者，負賠償責任。但能證明其行為無過失者，不在此限。

圖 2-16　隨意散布個人隱私，是會觸法

（圖片來源：Pixabay）

https://is.gd/1QgQP7

　　還有就是若未經當事人同意，隨意拍攝他人工作時的照片，以為這樣很搞笑，而將這些照片散布在通訊軟體中，供他人「欣賞」，或者公開其姓名，受害人是可以以民法第 18 條『人格權』的侵害進行訴訟，但多數人僅止於私下和解的方式進行調解，並不想把事情鬧上檯面，造成公司內部的不和諧，但也因為使用阿 Q 式的姑息，才會造成當事人不把別人的「隱私權」當成一回事，甚至會把自己的行為合理化，進而演變成茶餘飯後公開口語的散布，造成「毀謗」。

圖 2-17　手機對個人拍照，仍要徵求同意

（圖片來源：Pixabay）

https://is.gd/sZGtt4

三人成虎故事的警示

　　古人會利用君臣對話作為故事，來警示後人的一些行為，例如《戰國策》中的＜魏策＞中說過一個故事如下：

　　戰國時代，魏國的太子要到趙國去作人質，魏王派大臣龐蔥隨行。龐蔥想到他離國遠去，歸期未卜，說不定會有人在魏王面前進讒言，或者會因此得罪。

　　臨行前，他便對魏王說：「如果有人來說大街上出現一隻老虎，大王會不會相信他？」

　　魏王說：「當然不會相信。」

　　龐蔥說：「如果接著有第二個人來說呢？」

　　魏王說：「我還是不大相信。」

　　龐蔥又說：「如果又有第三個人來說呢？」

　　魏王說：「三個人都這樣說，那我就不得不相信了。」

　　龐蔥問完了，接著又說：「大街上不可能有老虎出現，這是很明顯的事實，可是經過三個人異口同聲的說來了老虎，就叫人不得不相

信，足見以訛傳訛的人多了，謠言是很可怕的。現在我到趙國去，趙國的都城—邯鄲離魏國的都城—大梁，比這裡到大街的距離遠的多，議論我的恐怕還不止三個人，希望大王能夠明察才好。」

魏王說：「一切我都明白，你放心好了。」

龐蔥陪著太子到趙國。不久，惡意毀謗的，和無事生非的，開始在魏王面前議論龐蔥了。起先，魏王倒還不相信，可是禁不起謠言越來越多，魏王不由得不受影響，對龐蔥的信心動搖了。

等到魏太子質押期滿，龐蔥陪著太子安然返國。可是魏王因為誤信了謠言，對於龐蔥已不再信任，也就不再召見他。

文後短評

這就是「三人成虎」的成語典故，因此，我們要了解，在社會上為人處世，很難不被流言散布所影響，若未能實際了解事情的全貌，而將局部的訊息和圖片，反而會引起人與人之間的不信任，進而把最方便的功能趨於「惡質化」，而違背了程式設計者當初良善的本意。

圖 2-18　三人成虎的寓意就是積非成是

（圖片來源：Pixabay）

https://is.gd/pGSfAL

MEMO

單元 ❼

GPS 導航的資安問題

GPS 導航的優點與誤導

人手一機的時代，用手機或車用導航系統帶路，已經是生活上很固定的模式，只要想去不曾去過的餐廳、景點等地，GPS 都可以幫你設定好三到四條路徑，以及預估到達時間，選擇一條時間最少的路徑後，只要聽從語音系統的指示，就可以到達目的地。

只是令人玩味的是，GPS 導航常會因為訊號不穩，或者抄小路的指示，曾經造成有人開到「鬼打牆」，無意中開到人煙罕至的地方，或者極為危險的境地，例如懸崖、墳墓、港邊、大潮帶等位置，看似很無厘頭的帶路，其實有過這些經驗的人，當時是「六神無主」，時常會覺得依賴 GPS 導航，不如去問路邊檳榔攤，

或者便利超商、警察局等詢問處，會更精準地到達目的地，但其實 GPS 導航的謬誤，有時卻是背後有人干擾。

圖 2-19　GPS 導航為駕駛人帶來便利，但有時也帶來誤導

（圖片來源：Pixabay）

https://is.gd/FW3xAB

大韓航空誤擊事件

微軟研究院與維吉尼亞理工學院等機構的研究員就曾發現，有駭客意圖干擾 GPS 訊號，甚至指示出錯誤的路徑，民眾基於習慣使然遵從訊號指示而受害，稱之為 GPS 欺騙攻擊（GPS Spoofing）。

　　但據研究發現，比較容易受到誤導的是飛機和船隻，因此搭乘飛機嚴格禁止開手機，是有其根據所在，避免飛機在空中航行時，與地面塔台的無線電聯繫受到干擾，而造成難以預估的災難，例如 1983 年大韓航空 007 被蘇聯戰機擊落事件，在於蘇聯方把客機判讀成 RC － 135 偵察機，多次聯繫未果下，蘇聯軍方下擊落指示，導致大韓航空 007 全機旅客無人倖免於難，這件事情引發很多揣測，從美國與蘇聯兩國在事後取得的訊息顯示，大韓航空 007 飛機 GPS 衛星導航訊號與無線電電波失靈是事件引發的主因，時至今日，仍很多地方讓人感到疑點重重。

圖 2-20　航空訊號受到干擾，容易引發災難

（圖片來源：Pixabay）

https://is.gd/XVIF9o

靠導航不如靠經驗

二次世界大戰之前，法國飛行員聖‧修伯里，同時也是作家的身分，在《風沙星辰》一書中提到無線電和飛行經驗，在此分享一部分過程：

每當我（聖‧修伯里）開著載有郵件的飛機橫越西班牙山區時，總會遇到濃厚的雲海在飛機視野前，但我卻無暇欣賞機艙窗外的景色，而是緊張的產生戒心，深怕一不留神，就會一頭撞上庇里牛斯山、坎塔布里山等山脈，可能就蒙主寵召了。

雖然郵務飛機都裝有新式的羅盤導引，但卻不能過分依賴，還是得要學會用視覺觀察機外世界的一切狀況，這是業務上前輩在平時耳提面命的經驗談，通常都是很準確，想保命就要大力吸收這些寶貴的經驗。同樣是位於山區的雲海，在登山者的眼中？在平地人的眼中？或是在飛機駕駛員的眼中？其實都是不一樣的，所遇到的危機和狀況也截然不同，其中雲海就是神龍見首不見尾的，難以捉摸。

當時我空軍服役時，我負責的業務「載運乘客」與「運送郵件」，任何國際郵件都是由法國史特拉斯堡基地機場起飛，運送到國內航線的土魯斯，以及國外航線的非洲塞內加爾。每當出發前，前輩總會再三提醒說西班牙境內缺乏緊急迫降的機場，而且還要賭運氣，並非每架出航的飛機都有無線電，就算翻閱配戴的有標記地圖，也未

必能對上一望無際的窗外「視覺障礙」，因此藉著有豐富航行經驗的前輩傳授要訣，才能在航行途中確保平安。

從《風沙星辰》引述的這一段，我們可以看見聖‧修伯里的意思，他認為靠羅盤的導航，不如詢問有飛行西班牙航線豐富經驗的人，可以避開些山區雲霧的潛在危險，也可以找到補給和降落的地點，另外明說了，他飛機沒有「無線電」，看「地圖」似乎也無法解決問題，最好在起飛之前，做足功課比較能保命。

文後短評

「電波訊號」或「衛星訊號」雖然是劃時代發明，但因為訊號無法加密的情況下，容易產生發生被駭客入侵的可能，因此，在這樣的情形下，還是要回歸人類的經驗去修復訊號的破洞，要思考有些地方是訊號空白區，例如山區屏蔽多，無法使用手機導航，只能選擇羅盤或指南針，但若都無法選擇時，我們必須把「有經驗」的在地人納入選項，例如聖‧修伯里在非洲沙漠中墜機，最後來是靠著土著貝都因人的援救而解圍，因此唯有經驗的傳承可以化解很多看不見的問題，更能安全抵達目的地。

圖 2-21　即便有地圖，有導航器材，還是得靠經驗支撐

（圖片來源：Pixabay）

https://is.gd/sDB16a

單元 **⑧**

網路駭客攻擊的資安問題

電子郵件傳送的機制

電子郵件是普羅大眾在網路互相聯繫的必備工具，發信者可以藉由文字和附加檔案的方式，傳送給收信的一方，儼然就像真實的郵局一樣，只是可以省略掉貼郵票的程序，不過，其實郵資已經付給中華電信等網路提供商，也就是說有「郵資已付」，可以讓你不受時間限制，不受國內或國外，皆可隨時寄出電子郵件，進行噓寒問暖，或者進行商務聯繫。

但有多少人在初次使用電子郵件時，或已長期使用一段時間的客群，是否懂得如何設定？早期不論付費或免費，或者設定 Outlook 時，都要記得四個主要伺服機主機的名稱：

①SMTP（Simple Mail Transfer Protocol）：簡單郵件傳輸協定

②POP（Post Office Protocol）：郵局協定

③IMAP（Internet Message Access Protocol）：網路郵件存取協定

④HTTP(S)：瀏覽器郵件協定

　　知道以上四組基本的伺服器協定，就可以開始進行設定，在設定 SMTP/IMAP 時，要先了解收信伺服器，這就要去看網路提供商或入口網站提供的格式，例如中華電信的內收郵件伺服器 POP3、IMAP、HTTP(s)，與外寄郵件伺服器 SMTP 共同設定為：msxx.hinet.net（使用電子郵件＠後面的格式）。設定好前述步驟後再了解每個通訊埠的編號：（POP 使用 110 / IMAP 使用 143 / POP SSL 使用 995 / IMAP SSL 使用 993）；SMTP 則為 25 / 465（使用 SSL）/ 587（使用 STARTTLS）。待這些設定完成，接下來會詢問，並請你輸入個人所獨家設定的帳號和密碼，保障電子郵件的安全性。

不會重複的帳號密碼

　　現在還有在設定伺服器協定以及通訊埠的軟體，有 Outlook 和雷鳥，網路供應商都會提供所需的教學，並不用太辛苦去記，只是隨著各家入口網站競爭的關係，設定都趨於簡便，電子郵件

的客群慢慢的就忘記如何設定，但如果能了解整個流程，對於信件伺服器的接收與寄送，會有很好的概念，因為只要設定打錯一個英文字母，就會出現錯誤訊息，如何設定一次到位，每個環節都要很細心，也就是說你家的住址絕對不會和別人重複，就算網路上會有大小寫和全形/半形的辨識，例如Ｍ ａ ｒ ｋ、ｍ ａ ｒ ｋ、MARK 與 mark 都不會一樣。為什麼會在辨識如此嚴謹，主要就是為了資訊安全不得不的設定。

圖 2-22　電子郵件帳號輸入不會有重複，但會辨識字型差異

（圖片來源：Pixabay）

https://is.gd/8TMoHF

　　即便電子郵件便利，這幾年也因為垃圾郵件的氾濫，造成電子郵件客群不勝其擾，多數人並沒有「來路不明的信不要打開」的概念，只要有人寄來就是點開，造成郵件中有很多夾雜的病毒、木馬甚至惡意程式進一步侵入電腦，遇到這些狀況，懂的人可以重新更改密碼，不懂的人在無法解決時，就「遺棄」帳號，反而形成有心人士詐騙寄宿的溫床。

圖 2-23　任意打開來路不明的電子郵件，帳號會被鎖定

（圖片來源：Pixabay）

https://is.gd/H76Or4

隨意揭示而敗亡的故事

我們就一則耳熟能詳的歷史事件「孫臏鬥龐涓」的故事，作為與資訊安全的對照，目的希望不要隨意去相信「來路不明」或「隱藏殺機」的信件，故事如下：

之後魏國興兵攻打趙國，趙國情勢危及，派遣使節向齊國求救。齊威王在軍事會議想任命孫臏為統帥三軍的將領，但是孫臏謝絕任命，對齊威王說：「受刑罰的人不可接受這個任命。」齊威王接受孫臏的意見，改以田忌為將軍，而孫臏作為輔佐的軍師，坐在作戰用的篷車之中面授機宜。大將田忌想直驅趙國救援，詢問軍師孫臏的意見。

孫臏說：「想要解開雜亂打結的繩索，就要冷靜找出打結的源頭，然後慢慢去拆解，千萬不可心急用力去扯，反而更難解。要排解打群架的場面，千萬不可被牽扯其中，而要避開雙方，然後乘其中一方腹部沒有防備空隙時，快速出拳襲擊，挨揍的一方就會痛到地上滾，鬥毆的所有人就會被這突發動作嚇到，停止互相鬥毆，打群架的場面就可以控制住。今天魏國和魏國相戰，所有精銳的軍隊都會被調動到前線作戰，都城內只剩下老弱的士兵，將軍你可趁機率領齊國軍隊速攻魏國都城，佔據魏國要道，攻擊其弱點，趙國被魏國攻擊的危機立即可解，是我一舉解決「圍趙之急」和「痛擊魏國」的策略。」

大將田忌接受軍師孫臏的建議率軍攻擊魏國都城，果然魏國軍隊得知都城被齊國攻擊，緊急從趙國都城邯鄲撤兵回魏國救援，回師

途中，在桂陵遇到齊國軍隊邀擊，疲勞的魏軍被以逸待勞的齊軍一舉擊潰。

桂陵之戰後三十年，魏國與趙國聯軍攻擊韓國，韓國派出使節向齊國求救。齊國派遣大將田忌領兵攻擊魏國都城大梁，魏國大將龐涓聽到這個消息，從韓國率軍折返魏國，而齊國的軍隊已向西進入魏國國境。軍師孫臏告訴大將田忌說：「魏國的軍隊向來強悍勇健而輕視齊軍，認為齊軍畏懼魏軍的威勢，但會作戰的人懂得利用這個認知加以利用，兵法中有說，軍隊每天到百里之外爭利，必然讓大將銳氣頓挫；其次，軍隊每天到五十里之外爭利，士兵只有一半會到。傳令下去，我們齊軍到魏國境內，剛開始埋鍋造飯十萬灶，明天就故意只設五萬灶，隔天再減到只設三萬灶。」魏國大將龐涓帶領魏軍行軍三日，看到齊軍殘留的景象，大為驚喜，對屬下說：「我一向知道齊軍很怯懦，果真進到我國境內，士兵戰死已經過半。」

於是留下步兵，率令輕兵銳卒日夜兼程去追擊齊軍。孫臏計算龐涓行軍的速度，大約傍晚可以到馬陵。馬陵道路狹窄，要道又有重重險阻，於是請將軍田忌設下伏兵，並用刀削下大樹皮，在上面刻上「龐涓死於此樹之下」。接著又下令挑選齊軍中一萬名精於射箭的弩兵，在道路險阻處設下埋伏，並交代「夜色中只要看到舉起火把的光，就一起萬箭齊發」。果真龐涓真在傍晚抵達到削樹皮的樹下，想舉起火把看清楚樹上寫的字。齊軍一見到火光，就奮力的用弩弓射向魏軍，魏軍軍容大亂，逃的逃，死的死，魏將龐涓自知不敵齊軍，於是舉劍自刎，大喊：「讓你這小子成名了！」齊軍並乘勝追擊潰敗的魏軍，生擒了魏國的太子申而返。

文後短評

　　就孫臏的設計「圍魏救趙」、「減灶」等連環計策去欺瞞龐涓，讓龐涓第二次還學不乖的信以為真，以為齊國軍隊怕自己所率領的魏軍，故輕率的被引誘到馬陵，就像任意打開來路不明的電子郵件一樣，最後被真實的齊軍一舉殲滅，所以任何的郵件，都要養成自己整理，將認識的帳號歸為一類，不認識的就歸到垃圾郵件閘中，直接刪除，不要好奇去開，否則就像龐涓悽慘的下場一樣，帳號整個被入侵，甚至被詐取錢財。

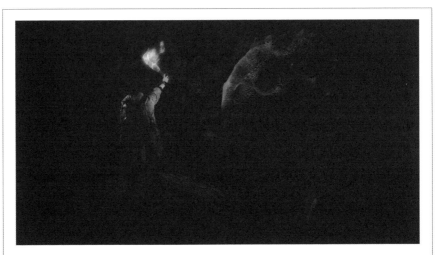

圖 2-24　　當舉起火炬時，就已經注定曝於險境

（圖片來源：Pixabay）

https://is.gd/VSasQD

MEMO

單元 ❾

網路駭客攻擊經驗談

網路侵門踏戶的經驗

如果你曾經面對過駭客的惡意測試，入侵到個人網頁、個人部落格、個人郵件或者交友社群，一定會產生情緒上的波動，因為原本「習以為常」的上網習慣，突然被改得亂七八糟，連不堪入目的言詞、圖片都放上去，甚至會用你的名義去向你社群的朋友亂發不實訊息，造成朋友間的裂痕，本人就要不斷的逐一去解釋和道歉。

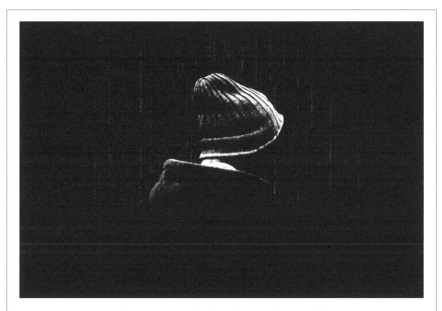

圖 2-25　入侵個人網頁也是駭客的途徑

（圖片來源：Pixabay）

https://is.gd/tP1GM7

個人遭駭的經驗談

　　筆者本人曾遭遇過數天遭駭無法進入個人網站，使用的入口網站是蕃薯藤，當時整個畫面就像定格一樣，只能看著駭客不斷的恣意亂改，說不氣得想揍人是騙人的，當下決定既然無法自行解決，那我先到入口網站的客服去看網管電子郵件的網址，再用

其他家的電子郵件寫明狀況，寄到蕃薯藤網管，出乎我意料的是蕃薯藤網管收到我的求救信，立即回信給我，說他會立刻處理，不會像現在某家總是推拖拉，網管不僅立刻恢復我的個人頁面，並把「滋事者」抓出來公告，並要這位仁兄立刻打電話向我道歉，但這位仁兄不僅不想跟我道歉，還嗆說我為什麼要檢舉他，他只是鬧著玩而已，結果剛好電話不是我接的，反而被我家人訓了一頓。

圖 2-26　當無法進入自己網頁時，要適時求援

（圖片來源：Pixabay）

https://is.gd/uqKbfz

　　讓我受到協助的蕃薯藤網管，當時的管理團隊是陳正然執行長所率領的，雖然我只是小小的受災戶，但他們不大小眼的服務，覺得任何一個小小的資安漏洞都會影響網站的商譽，讓使用者很窩心。個人網頁回復原狀後，不免俗就是要向朋友解釋，因為網友覺得我怎麼突然幾天變的怪怪的，後續蕃薯藤網管也發了一封信說明他們已完成我的「請託」，這是一個很成功的案例，所以一直使用到蕃薯藤易主後，服務沒有之前理想後，才慢慢淡出。

圖 2-27　蕃薯藤示意圖

（圖片來源：Pixabay）

https://is.gd/UC4Lr2

網路是個五指山

在這一個有趣的現象，被網路攻擊者的對象就像只能束手，因為並非每個人都擁有強大的網路技術，即便是筆者也是慢慢摸索，才沾上一些邊，學網路技術需要長時間的累積，但網路攻擊者並沒想到，以為可以任意流竄其中享受樂趣，只是沒想到後面還有很多「眼睛」在盯著，因為你在怎麼跑，就是跑不出管轄的「五指山」中，隨時可以動手逮人，用一則歷史故事來比喻：

吳王心意已決想要興兵攻打楚國，向左右臣僚警告說：「誰敢表示反對來勸我，我就處死誰！」於是沒人敢提出反對的意見，有一位門客的兒子想要想要上前勸諫，但又有所顧忌，於是靈光一閃想到辦法，就拿著彈弓和彈丸，到王宮的後花園閒晃，並對著同一個方向維持拉彈弓的姿勢，任由露水滴沾溼衣服，動也不動達三天左右。

吳王看到感到很疑惑的問：「年輕人你在這裡究竟在幹什麼啊？」這位年輕人回答說：「回王上的話，在下在這個花園中觀察一棵樹上的動態，樹上停著一隻蟬，蟬無憂無慮的在樹的高處鳴叫和吸取露水，但不知道它背後站著一隻螳螂正逼近著它，螳螂彎曲著身子，張著爪子，想要捕獵蟬，但螳螂卻不知道它的背後又站著一隻黃雀，黃雀想要伸長頸部啄食螳螂，但黃雀更不知道我在樹下張著彈弓對著它，蟬、螳螂、黃雀都只顧著眼前的獵物，而忘了背後有更大的危機接近中。」

　　吳王有所領悟的說：「年輕人，你講得很好！」於是打消攻打楚國的決策。

圖 2-28　蟬

（圖片來源：Pixabay）

https://is.gd/UpUMMM

圖 2-29　螳螂

（圖片來源：Pixabay）

https://is.gd/a6aEYq

圖 2-30　黃雀

（圖片來源：Pixabay）

https://is.gd/sxPzCm

文後短評
● ● ● ● ● ● ● ● ● ● ● ●

　　以上故事就是螳螂捕蟬，黃雀在後的典故，用來比做筆者在網路世界曾經遭遇的經過，是再也恰巧不過了，並非每個人都有能力去排解所有網路攻擊，更找不到能夠完全杜絕的網路應用程式，但懂得「求援」反而會得到更多的助力，問題也較能盡快排除。回想當蟬的網路歲月還是開心的，現在用「禪」的角度來看待過往的經歷，也是親身上了一堂實實在在的資安課啊！

MEMO

單元 ❿

更改密碼設定的習慣

別忽視帳密的設定

　　舉凡個人電子郵件信箱、雲端硬碟、網銀或社群網站等，都必須設一組帳號和密碼，用以保護個人隱私、金流額度以及機密文件，尤其以密碼而言，不能太過草率設定，有人會習慣以生日年月日，或者市話、手機號碼做為密碼設定，其實這是將自己的赤裸裸曝於網路危險之中。

　　去年曾在桃園發生過歹徒利用 Google 電子郵件和雲端硬碟連通的特性，隨意抽取對象，用手機號碼當密碼做測試，居然有受害者帳號被入侵，被竊取雲端硬碟中存放的身分證影本、照片及

存摺影本，然後歹徒假裝自己是受害者向銀行申請更改電話，並沒被識破，又得到一組網銀新密碼，藉此成功登入網銀竊取數百萬的金額。

圖 2-31　帳號和密碼需要謹慎設定，以防止被入侵

（圖片來源：Pixabay）

https://is.gd/Lm9Jbn

破解金融帳戶的案例

　　案例一：從新聞中，透露著網路使用者設定密碼的「偷懶」，不管是臺灣還是世界各國都是如此，受害者年年都在攀升，有被一

次竊取網銀全部財產，也有竊取網銀帳戶的尾數，例如 50.15 元，通常這類的極小的尾數 0.15 都不會被帳號持有者，或者銀行員馬上發現，以致於有心人透過系統計算的漏洞，竊取並累積到龐大的金額，這種方式稱為「義大利香腸術」，或稱為「沙拉米騙術」。

案例二：還有一種利用公司出差報帳系統的漏洞，將浮報的經費匯入到自己的帳戶中，這是企業常見的系統漏洞，過去可能會利用這個漏洞，賺取高額的「額外收入」，但現在有會計端會再人工核對帳目再三，避免員工藉由出差浮賺差額。

圖 2-32　在細微的地方都要注意，避免被搬光財產都不知道

（圖片來源：Pixabay）

https://is.gd/B0X5Xr

　　所以無論系統牆築的再高，或者盤問關卡再怎麼嚴厲，終究還是有漏洞，這時不能把責任全推給資安人員，而是應該去檢討公司人員專業的培訓是否有漏洞？因為一個資安人員，不可能單獨去面對款項異常，因此，凡事還是要講求跨部門的配合，才能將漏洞補起來。

圖 2-33　無論防火牆築再高，總是會有漏洞

（圖片來源：Pixabay）

https://is.gd/gK3XbY

滴水穿石的可怕警示

即便再小的漏洞，都要有人去注意，不然小問題日久就會成為大問題，在此引用一則「滴水穿石」的歷史故事來對照，其故事的內容如下：

宋朝時，有個叫張詠的人，在崇陽縣擔任縣令。當時，崇陽縣社會風氣很差，盜竊成風，甚至連縣衙的錢庫也經常發生錢、物失竊的事件。張詠決心好好整頓這股歪風。

皇天不負苦心人，終於在某一天，張詠例行性的在衙門周圍巡視，突然看到一個管理縣庫的小吏鬼鬼祟祟地從錢庫中走出來，

張詠立即把庫吏喊住：「你在縣庫裡做了什麼？」

庫吏神情緊張的說：「回大人，我沒做什麼……」。

張詠於是想到縣庫經常失竊，判斷庫吏可能偷了錢，便命捕快對庫吏進行搜身，果不其然在庫吏的頭巾里搜到一枚銅錢。張詠立刻命捕快把庫吏押回大堂審訊，詰問他一共從錢庫偷了多少錢，但庫吏死不認帳，於是張詠便下令捕快嚴刑拷打。

庫吏被刑後不服，對著張詠怒嗆：「我只不過偷了一枚銅錢，你竟然這樣拷打我？你也只能打我罷了，難道你還能殺我？」

　　張詠看到庫吏竟敢這樣頂撞自己，生氣的舉起驚堂木拍桌，並拿起硃筆寫下宣判文，內文說：「一日一錢，千日千錢，繩鋸木斷，水滴石穿。」意思是說，一天偷盜一枚銅錢，一千天就偷了一千枚銅錢。用繩子不停地鋸木頭，久了木頭也會被鋸斷；水滴不停地滴，終能把石頭滴穿。」

　　判決完畢，張詠吩咐捕快把庫吏押赴刑場，斬首示眾。從此以後，崇陽縣的偷盜的歪風被止住，社會風氣也大大地好轉。

圖 2-34　滴水穿石形容積少會成多

（圖片來源：Pixabay）

https://is.gd/72F6kj

文後短評

　　由於電子支付的盛行，很多人會不經意地把帳號與密碼隨意設定，只為了方便記憶，而忽略定期去修改帳號與密碼的內容，讓網路上不肖分子有機可乘，利用「固定習慣」的破口，不斷的進行慢性竊盜。但設定太難的密碼，又有可能會忘記，就像丟了一把鑰匙，進不了家門。無論密碼設定太難或太簡單，週期的輪轉替換，仍是最有保障的方式，千萬不能被「習慣」所誤。

MEMO

單元 ⑪

察言觀色所透漏的訊息

資訊安全與人性的漏洞

　　資訊安全成為現代企業必配備的「顯學」，為加強資訊的管控，企業都會花大把資金聘請相關人才與成立部門，但這樣就防得住企業的機密不被竊取？或者期待能攔阻木馬、駭客、電腦病毒、遠端遙控的入侵嗎？抑或者築起重重防火牆不斷監控？不管技術部門再怎麼號稱強悍，所做的其實都是無用功，就算技術人員懂得自己寫獨家的軟體或程式碼，別忘了「程式是人寫出來的」，多少會有 BUG 存在其中，就會成為攻破的點。

圖 2-35　企業資安的監控投入相當多的防護

（圖片來源：Pixabay）

https://is.gd/VCC5LA

　　即便上述技術都能克服，但你能相信「人」就不會私下從事機密外洩的行為嗎？以前芬蘭手機大廠 Nokia 的廣告詞：「科技始終來自人性。」看似頗有哲學的味道，但「人性」通常也帶有毀滅性的威力。近期報章就有報導某從事半導體自動化生產研發大廠，被內賊破解公司加密的電路設計圖系統，然後大量下載檔案，存放在私人筆記型電腦，並將電路圖輸出成紙本裝箱，公司內部雖有發覺，並試圖攔阻和報警處理，但警察無法查出該名內賊有違法事證，使得此名內賊順利將重要機密全數竊取成功，讓這家科技大廠蒙受重大損失。

圖 2-36　監控雖然嚴密，但也有無法可防之處

（圖片來源：Pixabay）

https://is.gd/BFPlAD

察言觀色也能透露資訊？

　　那歷史上是否有發生類似的事件呢？是有的，但當事者後續處理得宜，使得傷害降到最低。這個歷史事件是出自西漢劉向著作《說苑》中的＜權謀＞，背景是春秋五霸的齊國，主角是齊桓公和管仲，時間約於西元前 598 年，事件的開始是齊桓公有意出兵併吞鄰近的莒國，為求保密，只找了丞相管仲單獨商討，原本以為天衣無縫，可以祕密進行出兵計畫，但此事隔天傳遍整個齊

國都城臨淄（今山東省淄博），讓齊桓公與管仲整個嚇傻，下令追查洩漏來源，查到一位姓東郭，單名牙的大夫，並請他到宮廷說明洩密原因，東郭牙到宮廷後，神態自若的向齊桓公與管仲表示訊息確為他所傳出，當然管仲也不是省油的燈，假意說國家並沒有攻打莒國的計畫，質問東郭先生你為何要如此猜測呢？當然管仲是藉故試探東郭牙的才智深度，看是否化解一場資安的危機。東郭牙從容的回答管仲說：「小民聽說君子有三種臉色：

①悠然喜樂，是享受音樂的臉色

圖 2-37　快樂聽音樂

（圖片來源：Pixabay）

https://is.gd/42h610

②憂愁清靜，是有喪事的臉色

圖 2-38　喪禮感到悲傷

（圖片來源：Pixabay）

https://is.gd/8rZjHR

③生氣充沛，是將用兵的臉色

圖 2-39　氣勢凌人

（圖片來源：Pixabay）

https://is.gd/LWPewD

　　前些日子臣下望見君王站在台上；生氣充沛，這就是將用兵的臉色。君王嘆息而不呻吟，所說的都與莒有關；君王手所指的也是莒國的方位。尚未歸順的小諸侯唯有莒國，所以猜測要伐莒。」管仲聽完之後，非常開心，反而向齊桓公推薦這位百年難得一見的奇才，因為東郭牙憑藉著察「言」觀「色」和「肢體動作」就可以判斷事情，如果可以用在國政上，對於國家的資安是件福氣的事，所以不處罰。

文後短評

就上述的歷史故事表示，無論資安技術再怎麼縝密，總有無法預防和管理的範圍，也並非所有管理者都能有齊桓公和管仲的雍容大度。原因在於企業花費大量的金錢和時間投入，對於獨創的研發資料，定要加密加以維護，成為企業賺錢的根基。若視人不明，就等於門戶洞開，反之，若能向齊桓公與管仲，從危機中發掘人才，反而是最好的資安體現。

MEMO

單元 ⑫

舉手投足所透露的訊息

資安並非只限於電腦

　　在任何類型的談判中，常會不經意看到一些很不自然的動作，例如咳嗽、摔筆或以手勢及眼神，表示接下來就會出現意想不到的攻防，我們稱之為「暗示」或「暗語」，有經驗的人，會直接判讀，並做出相對應的手段，逼使對方讓步；沒有經驗的人，會把這些動作視為常態，被對方搶盡先機，失去談判的籌碼。

　　早期在秘密幫會中，也流行這類的做法，相當五花八門，例如桌上擺杯、碗、筷作為工具，在甚至連桌椅都可以使用，儼然是一套秘笈教學，可以應付每一個出席的場所，前奏需要預備什

麼，中間進行什麼，最後要執行什麼，甚至連要怎麼行禮如儀，
都有一套完整的 S.O.P，並非臨時起意，結局無非是撕破臉、握手
言和、道歉，最好就是握手言和，避免不必要的紛爭。

圖 2-40　外洩內部訊息，有時會在不經意的姿勢

（圖片來源：Pixabay）

https://is.gd/B2BAjH

小心手勢透露的訊息

　　在日常生活中，朋友之間彼此也有簡易的手勢，例如拇指與
食指指尖接觸為環狀，中指、無名指、小指伸直，表示『OK』，或
者「沒問題」；單單比出拇指，其他四指握拳，代表「很棒」、「做
的相當好」。代表數字的則有：食指為「1」，拇指加小指為「6」。

但要記得，不是每個國家都一體適用，例如我們照相常比食指與中指，代表「YA」或「勝利」，現在流行反過來比，以視為好玩，但到英國時，比出來會被解讀為「滾開！」。

又例如 OK 的手勢，外國不同國家有示意「一文不值」、「同性戀」或者「走著瞧！」；而比讚的拇指，外國分別是為有挑釁的意味。所以，不能把本國的習慣當作是自然，一但到了其他國家，亂比手勢，可是會惹禍上身，先懂得入境問俗，搞清楚當地的習慣，旅途就少掉很多問題。

圖 2-41　生活上的手勢也會透露想表示的事情

（圖片來源：Pixabay）

https://is.gd/4M7Vq6

鴻門宴的暗示訊息

　　講到暗示，還有一種是利用器物當作信物，例如筆者前面所講到的虎符，見到憑證就如同收到機密一樣，相對的還有很多工具可用在談判上，我們就舉歷史上最著名的「鴻門宴」作為實際的案例，增加些趣味性，故事如下：

　　過了一天，劉邦帶領一百多名隨從騎兵來見項羽，到達鴻門，劉邦下馬立即向項羽謝罪說：「在下和將軍奉楚王之命合力攻打秦國，將軍率軍在黃河以北作戰，而我率軍在黃河以南作戰，實在也沒料想到能先入函谷關擊敗秦國，可以在這個地方見到將軍，實在令人高興。現在由於流言的中傷，使得將軍和在下的友誼蒙上陰影。」項羽說：「這些話都是你的部下左司馬曹無傷向我進言，不然我怎麼會跟你衝突？」項羽當天禮貌性邀劉邦留下參加慶功宴，項羽、項伯向東坐在首座；亞父范增向南坐；劉邦向北坐在下座，張良以賓客身分向西坐著。

　　亞父范增屢次對著項羽暗示，舉起他身上所佩帶的玉玦，揮動三次示意項羽趕快動手殺掉劉邦。但項羽不為所動。於是范增按耐不住站了起來，一路走到帳後，召來項莊面授機宜，對他說：「我們的大王為人心腸太軟。我派你進去，先上前敬酒，敬完酒後，向大王請示要舞劍助興。再藉機使劍擊殺劉邦。不然的話，你們將來所有人都將成為劉邦的階下囚！」項莊領命後，就到宴席上去敬酒。敬酒之後，向

項羽說道：「大王和沛公飲酒，但軍帳中沒有任何娛興，請讓我舞劍助興吧！」項羽說：「好！」。於是項莊拔劍起舞，屢次逼向劉邦，一旁的項伯警覺有異，也起身表示一人舞劍太單調，願與項莊拔劍對舞，並借舞劍的機會用自己的身體護住劉邦，讓項莊沒有刺擊劉邦的機會。

在座的張良也驚覺不妙，起身直奔營門口找到樊噲。樊噲好奇問說：「今天的事情怎麼了？」張良急促說：「我們主公情況危急！現在帳內項莊正拔劍起舞，常想藉機急殺我主公。」樊噲大驚說：「可惡！讓我衝進去，跟他們拼輸贏！」樊噲立刻帶著劍，提著盾牌衝向營門，手持長戟交叉著的衛兵們立即檔住他不讓他進去，樊噲手持盾牌不顧一切的猛撞，把衛兵撞開，樊噲就直衝主營帳，他把帳幕扯掉，闖向西側一站，生氣著瞪著項羽，怒髮衝冠，眼眶睜大的都要裂開。項羽也將按劍而起防範，屬聲問道：「來人為何要直闖大營？」張良趕到樊噲一旁說：「這是沛公的近身侍衛樊噲。」項羽說：「好一位壯士！賞他一杯好酒喝！」侍者領命立刻斟滿酒杯遞上。樊噲接下酒杯下拜稱謝後，就起來一飲而盡。項羽說：「再賞他吃豬肘子肉！」侍者也立刻遞上一隻豬肘子給樊噲。樊噲把盾牌反扣在地上，再把豬肘子肉放在盾牌上，拔出劍來，一塊一塊地切下來吃。項羽說：「這位壯士，還能再喝嗎？」樊噲說：「我連死都不怕了，一杯酒還會拒絕嗎？我得知秦王如虎狼般的殘暴，殺人如麻，處罰人用盡酷刑，因而天下的人都起兵反對他。而王上（楚懷王）曾與各位將軍約定：『誰先破秦攻入咸陽，就立他為王。』現在沛公最先破秦攻入咸陽，任何宮廷大小財產都不敢占為己有，把秦國庫房的不義之財封閉，將所屬

軍隊移防至灞上，靜待大王您到來共同處置。沛公之所以派將把守函谷關，只不過是為了防備盜賊侵擾或維護治安而已。這樣勞苦功高，不但沒有獲得獎賞，大王您反而聽信旁人的讒言，想斬殺有功的人，這是重蹈秦國滅亡的覆轍，我樊噲認為大王您不該這樣做的！」項羽一時語塞，只說：「請賜座！」樊噲奉命就挨著張良坐下。

　　坐了沒多久，劉邦起身上廁所，就招呼樊噲一同出帳。劉邦出帳後不久，項羽就派都尉陳平催促劉邦回座。劉邦憂愁的對樊噲說：「現在有幸溜出來了，但是沒有依禮向項王告別，他又生氣了怎麼辦？」樊噲說：「做大事不可以婆婆媽媽的，行大禮不必嘮嘮叨叨的，如今項王手下可是是擺著菜刀和砧板，把我們當作魚肉來宰割，為什麼一定要去告別（送死）？」於是劉邦聽從樊噲的話，就藉尿遁走了。臨走前，劉邦命張良留下，並請張良記得向項羽去致歉。於是張良思考周慮的問：「主公您來時可帶了什麼禮物？」劉邦說：「我帶來一對白璧，想獻給項王賠罪；一對玉斗，想獻給亞父，但剛巧碰上他們正在生氣，我不敢奉獻。你就代替我去獻上吧！」張良說：「沒問題，交給我處理。」當時，項羽軍隊駐紮在鴻門，劉邦軍隊駐紮在霸上，相距四十里。劉邦就留下隨從的車騎，脫身單獨一人騎馬，與樊噲、夏侯嬰、靳強、紀信等四人拿著劍和盾牌，快速遁逃。路線從驪山下，抄近路經過芷陽。劉邦臨行前對張良在耳提面命說：「我從這條小路返回我們軍營，不過二十里左右。還請您估算我已經抵達營地的時間，才可進去賠罪。」

　　劉邦離開以後，張良估算劉邦已從小路到達自己營地，才進帳去向項羽致歉，說：「沛公已經醉到無法再喝，因此無法當面向大王行禮道別。主公吩咐我獻上一對白璧，拜送給大王您；另一對玉斗，再拜送給您亞父。」項羽驚訝問道：「沛公現在在哪裡？」張良說：「主公聽說大王您有意要責備他，就單身離去，現已回到營地了。」項羽不作聲的收下白璧，把它放在座位上。但范增收受了玉斗，氣得重摔在地上，並拔出劍來把玉斗剁碎，說：「唉！這個小子真的不能跟他共謀大事！將來奪得天下的人，一定就是沛公！我們這些人都要成為他的階下囚了！」，劉邦回到營地以後，立刻殺掉無端洩密的曹無傷。

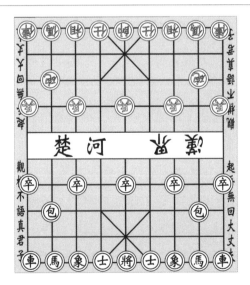

圖 2-42　對弈的中式象棋，「楚河」、「漢界」的典故來自秦朝末年楚漢相爭，楚代表西楚霸王項羽；漢代表漢高祖劉邦

（圖片來源：Pixabay）

　　從故事中，首先可以了解，項羽無意中被套出「曹無傷」這個漢營的內賊，讓劉邦不費吹灰之力就得到訊息，埋下殺掉曹無傷的殺機，感嘆項羽太老實。其次，范增不愧是項羽陣營中能嗅出劉邦危險訊號的謀士，因此，在宴會中，不斷以「玉玦」示意項羽要『下定決心』除掉劉邦（打信號），但項羽不願配合，只好轉而請將軍項莊表演舞劍，假裝無意中殺死劉邦，項伯知其意圖，也配合舞劍，擋下項莊的攻擊。當然，做的太明白，也讓劉邦的部下張良感覺范增的惡意，於是反操作也請將軍樊噲入場保護，讓劉邦能夠藉此尿遁，逃離鴻門宴。接下來斷後的張良，也巧妙利用兩樣玉器，一樣是送給項羽的玉璧，表示尊重其西楚霸王的地位，另外，加贈玉斗給范增，有表示張良和范增平分秋色之意，讓范增氣的把玉斗砍碎。

文後短評

　　就上述歷史故事，反映在企業會議上，即便微不足道的動作，或者上頭任何示意，都要能立即領會，否則劇情無法連結，會失去原本的優勢，重則開除，輕則降職、降薪，有時真的覺得人生很難，但不斷的累積經驗，也能夠讓自己在察言觀色中獲得保全。

MEMO

PART

3

資安與戰爭
的案例

單元 ❶

改變歷史的重大憑證－虎符

日常的憑證應用

　　以往為了股市交易的安全，證券公司會要求股戶定期更新憑證，憑證等於是個人與證券公司出入電子交易系統的「證明」，假如沒有相對應的身分證字號、交易帳號以及密碼，在無法獲得徵信核實的狀況下，其他人是無法任意進入竊取。隨著網路駭客犯罪的手法不斷翻新，憑證的自我管理，以及配合證券公司定期核對，成為自我保護重要的基本程序，即資訊安全，來降低交易的款項受到侵害和損失。

圖 3-1　電子化的交易都需要電子憑證作為識別

（圖片來源：Pixabay）

https://is.gd/mo51hb

　　然而，憑證的發展，不單只是為了電子資訊而已，在沒有電腦的歷史洪流中，憑證是維繫「信譽」的重要依據，有時候是一張紙，例如銀票和通行證；也可以是使用金屬做成的實體物，例如用於戰爭調兵的虎符，本文將以此作為論述，讓讀者了解憑證不僅是自我防衛，它也可以是發動攻勢的保命符。

歷史上戰爭的憑證應用

　　時間推移到戰國時期，約西元前 260 年，北方趙國數十萬的國防軍，被強大的秦國在長平（今山西省高平）全數殲滅，使得趙國被迫向秦國求和，交涉結果，秦國同意趙國的求和，但必須獻出大量的城池和土地，此條件讓趙國舉國上下譁然，表示不能同意這樣的條件，反過來建議和燕國、齊國、韓國、魏國、楚國等國合作對抗秦國，秦王得知趙國的決定，勃然大怒的派出軍隊，以趙國首都邯鄲（今河北省邯鄲）作為攻擊目標，想一舉將趙國滅掉，但秦國的軍隊因匆忙的戰爭佈署，使得在邯鄲陷入泥淖無法動彈，趙國趁此時向外求援，以趙國丞相平原君為使節，取得楚國和魏國的首肯，各派出十萬軍隊前往救援。

　　秦國得知魏國派十萬軍隊前往邯鄲救援趙國，於是用外交手段去威嚇魏王，使得魏王急下命令，讓軍隊停在邊境，不敢再往前進。但魏國的丞相信陵君得知魏王的懦弱，本想自己帶私家兵前往慷慨赴義，但被謀士勸阻下來，靜下心來討論要如何取得調動軍隊的虎符，如果用正面勸說魏王，魏王會拒絕到底，只好想出用非法的手段去竊取虎符。

圖 3-2 因老虎形象威猛，故將帥憑證以虎型作為戰時
授權印信，此圖為示意

（圖片來源：Pixabay）

https://is.gd/FX72zJ

小知識 「虎符」是調兵遣將的憑證，因其形狀以猛虎為主，才會有
此命名，上面會書寫只有君王和將軍知道的文字，因此無法
偽造，另外，會把虎符分割成兩半，一半存放在君王王宮，一半發
給帶兵的將領，必須要將虎符完美的嵌合，命令才能生效，否則視
為無效，也就是充分運用了「0」與「1」的簡易方式，達到加密的
效果。

　　信陵君因趙國的狀態緊急，故收買魏王的姬妾，並拜託姬妾到魏王房間偷取虎符，帶領勇士朱亥直接前往邊境軍營，將虎符與領軍將軍晉鄙核對無誤，本以為可以輕易取得兵權，但盡忠職守的將軍晉鄙認為有疑問，必須向魏王再徵信，信陵君踢到鐵板，只好讓勇士朱亥，持鐵鎚打死將軍晉鄙，並用虎符向軍隊士兵取得信任後，率兵到邯鄲與趙國、楚國聯軍擊退秦國，化解趙國被包圍的困境。

圖 3-3　戰國時期的戰爭短期就可以結束，圖為戰爭示意圖

（圖片來源：Pixabay）

https://is.gd/40K36x

文後短評

　　表面上這是一個歷史上的戰役，但就整個事件來看，「虎符」這項憑證左右了整個歷史事件的走向，就以魏國將軍晉鄙而言，他就像銀行的行員一樣，有必要再進行徵信的手續，但就信陵君而言，無法忍受計畫被晉鄙破局，只好強行排除晉鄙的存在，奪取了軍隊的領導權，軍隊的士兵只認符不認人，使得信陵君完成逆轉取勝的戰役，名留青史，並讓讀者理解，原來在歷史上，不同時期會有各式各樣的憑證。

單元 ❷

飛鴿傳書的加密戰爭

特殊的書信傳遞方式

在沒有電腦網路、電報、電話的時代，為了要傳遞機密訊息，可說是無所不用其極，其中最讓人感到驚訝的，就是將鳥禽訓練成暗中傳遞書信的部隊，平時在野外或城市高處，鳥禽飛來棲息是稀鬆平常之事，幾乎也沒有人會太過關注，基於不起眼的特性，開始會有人將所飼養的鳥禽，訓練成可以定點飛翔傳遞訊息的尖兵。但並非所有鳥禽都可以作為傳信兵，而是選擇鴿子作為首選，主要鴿子具有精準的歸巢能力，且具有長途飛行的能力，無論距離多遠，鴿子都能順利的回到飼主的基地。

　　雖然很多歷史故事都將飛鴿傳書形容得很傳神，但實際上也常因突發狀況，使得訊息從此渺無音訊，例如：被其他猛禽捕食、氣候因素、被人獵殺等原因。為避免單一信鴿遭到不測，通常一次釋放數十隻腳上綁有小信管的信鴿，避免中途被截獲，並在傳遞訊息的紙上，紀錄只有自己人才能解讀的暗號，這也是為了防止信鴿被敵人截獲時，讓敵人無法瞬間譯出訊息。

圖 3-5　間諜也是信鴿的任務

（圖片來源：Pixabay）

https://is.gd/pWGTeZ

特殊書信部隊的任務

　　信鴿在古今中外傳達訊息發揮很大的功能，到了現代軍事上，還是有繼續保存這項「活化石」的技術，甚至設置專職人員保護和餵養，但除了傳遞訊息外，又多加了「間諜」的任務，冷戰時期，美國中情局 CIA 密訓了一批鴿子，在腳部、頭部等處綁上小型照相機，飛過白令海峽，到蘇聯進行軍事情報的拍照，據說收回的影像效果相當清晰，透析蘇聯的潛艦計畫。

圖 3-4　訓練鴿子作為傳遞書信媒介有很長的歷史

（圖片來源：Pixabay）

https://is.gd/eFK8xS

　　據 BBC 報導，在英國薩里郡，有位民眾在修整煙囪時，發現一具鴿的屍骨，在鴿屍骨的腳上發現一個管狀物，管中有張佈滿加密字母的訊息，消息一出吸引了很多樂於解譯的專家前往，但至今無人可以解開這則重要的訊息，只能藉由鴿環的編號，以及紙上書寫的形式，僅能判斷出是 1944 年諾曼第大空降後，諾曼地海岸敵我方的作戰布局。雖然無法解譯出加密訊息的真實意思，但據屋主居所所在地的薩里郡，正是英軍陸軍元帥蒙哥馬利的指揮中心附近，因此可以初步判定，訊息內容是為了讓蒙哥馬利元帥能夠進行下一波部署。

圖 3-6　信鴿在二次世界大戰執行遠程密件傳遞

（圖片來源：Pixabay）

https://is.gd/vGnvJP

文後短評

從歷史上重要的戰役中，得知當時民人已經可以透過信鴿傳遞加密書信，但值得玩味之處，二戰歐洲戰場已有電報等通訊器材的使用，為何還要回復古早時期的作法？在二戰以後，世界各國為何還要繼續「飛鴿傳信」這個傳統？這類的加密傳遞的訊息，能給網路訊息盛行的年代有何啟示，將是新一代資安可以借鏡的參考。

MEMO

單元 ❸

國產遊戲的加密戰爭

遊戲密碼破解攻防

　　早期很多遊戲公司出遊戲時，都會再隨盒附上一本密碼本，以利於玩家在電腦磁碟灌遊戲時，能夠輸入正確密碼，進入遊戲選項，再進入遊戲舞台，剛開始看似很有效果，但幾週過後……不！應該是幾天後，陸續出現破解版本，一種外掛掃碼軟體，只要跑出一組相同長度的密碼，輸入就不用再翻密碼本。

　　這類的密碼破解，讓遊戲軟體公司銷路超級受傷，雖然看似很多玩家在線上討論版熱烈討論，但實際會出錢購買的，卻是屈指可數，縱使遊戲公司警告破解會觸法，也表示會提告，但最終

民間玩家道行高深，化明為暗，改在私人論壇註冊，並提供破解
後的遊戲安裝程式，細心一點的還會提供說明書，以及遊戲攻略。

圖 3-7　PC 遊戲密碼破解攻防一直是明與暗的鬥智

（圖片來源：Pixabay）

https://is.gd/rivfYZ

「軌」與「鏡」的鬥法

既然民間玩家高手如雲，自然軟體公司也會研擬新的加密方式來遏阻，畢竟養兵千日，用在一時，想出一招在光碟光軌上加密，稱為「實體壞軌」，又稱為「環形斷軌」，這招是從光碟燒錄程式中，看有讀取壞軌的功能，讀取會異常慢，會在光軌第幾到第幾設定長斷軌與短斷軌，這是一種特殊的燒

圖 3-8　業者的壞軌的技術一度相當先進

（圖片來源：Pixabay）

https://is.gd/7Tvkyx

錄模式，基本上不算光碟壞掉，而是想讓破解高手們，在第一關就拷貝複製就「抓狂」放棄，乖乖買正版。

如果認為會乖乖奉命，那就大錯特錯，破解玩家也開始研擬新的破解方式，居然在虛擬光碟程式中找到了答案，因為虛擬光碟的做法有些類似 Linux 的做法如下：

```
Mount -o loop /home/myimage.iso /mnt/iso
```

　　其實我都會覺得真正得到靈感源頭是在 Linux 這裡，稱之為鏡像程式，就像照鏡子一樣，把「假壞軌」的光碟中資料和數據，如數壓縮成‧iso 一個檔案，要解壓只要將 iso 檔掛載到虛擬光碟裡面，好啦！就可以完成安裝和執行，讓軟體公司嘔到不行，雖然不鼓勵使用盜版，但在這次的加密戰爭中，產生一個正面的效果，就是不論軟體業者或民間玩家，所有的人技術都提升了，當然不只有遊戲而已，另外玩家與大鯨魚微軟的鬥智中，成為全世界共同努力破解的目標。

圖 3-9　鏡像技術一舉破解壞軌技術

（圖片來源：Pixabay）

https://is.gd/rivfYZ

菁提與鏡的故事

既然上述有講到「鏡像」的技術,讓筆者想到一則關於佛教的歷史,時間推移到魏晉南北朝,人物為菩提達摩,在南朝梁國內傳佛道,皇帝梁武帝是相當虔誠的佛教徒,很捨得砸錢蓋佛寺、優禮僧侶等事,有一回梁武帝問菩提達摩他做了那麼多禮

圖 3-10　佛教的哲學對話都很值得深思
（圖片來源：Pixabay）
https://is.gd/eNBVMv

遇佛教之事,能有多少功德?結果菩提達摩回說沒有功德,梁武帝不能理解其意,最後兩者分道揚鑣,於是菩提達摩北渡到北魏境內的嵩山少林寺面壁修行,創立了「禪宗」。禪宗五傳至五祖弘忍大師,因年紀漸老,想傳授衣缽給下一任僧人,於是在牆上巧題:

『身是菩提樹,心為明鏡台。時時勤拂拭,勿使惹塵埃。』

眾人皆無法頓悟此句含意,惟不識字的慧能大聲說出:

『菩提本無樹,明鏡亦非台,本來無一物,何處惹塵埃。』

因此，慧能答出最後的宗旨「無」的境界，繼任為六祖。

圖 3-11　菩提樹是佛教三大聖樹之一

（圖片來源：Pixabay）

https://is.gd/aQ4cfo

文後短評

這是一個很有趣的故事，若對照加密大戰而言，民間玩家代表「…心為明鏡台…時時勤拂拭…」；但對於軟體公司而言，心裡面恐怕是想說：「何處惹塵埃」啊！

圖 3-12　從鏡像中反射出破解之道

（圖片來源：Pixabay）

https://is.gd/ZMh5qA

MEMO

單元 ④

社群網路的言論戰爭

看不見的眼睛

　　由於最大社群 Facebook 在臺灣發展相當快速，幾乎是人手一個帳號，可以在社群上分享自己的言論，也可以分享照片，或者是重要的訊息，原本馬克・祖柏克的創立概念，是讓大家都有一個類似電子日記交流功能的正向平台，放鬆平日緊張的情緒，但隨著便利性與功能性的提升，言論上的衝突和法律事件層出不窮，可以作幾項簡單的分類：

① 挾著有匿名制保護的僥倖，認為只要不被查到姓名，就可以肆無忌憚的攻擊，而且有「你抓不到我」的錯誤認知。

② 一人發號司令，無論對錯的訊息，都要求群組無限制轉貼，不管周邊的親朋好友是否同意，被迫要「每日」都看到。

③ 建立數個假帳號，作為人身攻擊後，永遠都查不到的「幽靈帳號」。

④ 無節制的「肉搜」，只要我討厭你，就要刨根究底的把你的「生平」或「醜事」挖出來，公諸於網路上。

以上只是粗略的點出網路常見狀況，但很多都在被搜查 IP 後，找到了本尊，然後被傳票請到警察局或法院報告，所以不要認為沒有照片、沒有分享文字、沒有個人資訊，就不會被揪出來，往往忽略

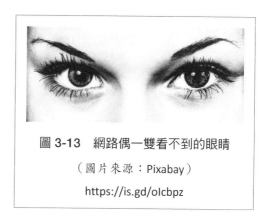

圖 3-13　網路偶一雙看不到的眼睛

（圖片來源：Pixabay）

https://is.gd/olcbpz

像經濟學理論「看不見的手」，我們可以將它改成「看不到的眼睛」，這雙眼睛從使用者上線開始，就一路在旁紀錄，筆者稱呼為「網路的監察者」，也可比做歷史上宮廷中的史官「左史記言，右史記事」或者飛機上的黑盒子，就資訊安全而言，這是相當必要的。

實名制的治與不治

　　除了網路上可以抓到痕跡外，打字的習慣，也是判讀的重點，就行文而言，即可判斷出打字者的教育程度、地區性、年齡、思考等，這些看似微不足道的訊息，通常是可以作為破案的關鍵，就算是破碎的隻字片語，也一樣有蛛絲馬跡。

　　近期也有人認為臺灣網路社群需要像韓國一樣實施實名制，來遏止網路社群中匿名言語霸凌，但 NCC 委員表示反對，認為「任何人」都受言論自由保護，並點出韓國實名制是雙面刃，就是加害者同樣會因被公布實際姓名，而受到其他「正義之士」的洗版或灌爆，甚至會因肉搜，而侵害其隱私權。因此，實名不實名，也是各有考量而無法進一步處理。

圖 3-14　網路匿名發言，仍然可以查到

（圖片來源：Pixabay）

https://is.gd/zsl0v0

爭論時就被觀察透徹

　　很多政策會經過很冗長的辯論，才會在各方妥協之下達成協議，像社群網路實名制與否的這類辯論，我們就一個歷史事件來對照此事，在漢昭帝時，所召開的鹽鐵專賣會議，事件背景追溯至漢武帝為反擊北方遊牧民族匈奴的掠奪，需要大量的經費來強化軍隊，因此找上

圖 3-15　鹽是漢朝國庫重要的物資和收益來源

（圖片來源：Pixabay）
https://is.gd/ZOxRU4

洛陽商人之子桑弘羊，並賦予御史大夫的職銜，開始將鹽、鐵、酒全部收歸國有專賣，短時間國庫獲得相當大的利益，也讓漢軍出征打擊匈奴時能無後顧之憂的連戰皆捷。

　　但至漢昭帝時，北方外患匈奴的問題已獲得解決，但鹽、鐵、酒專賣政策仍持續進行，桑弘羊也在其中獲得不少利益，引起外戚霍光的不滿，於是鼓動地方的儒臣，提出反對桑弘羊專賣政策的輿論，並邀請這些反對派聚集長安，使桑弘羊感受到壓力，並營造理性辯論的舞台，進行正負兩方的激烈辯論，霍光所

主導的儒臣，以匈奴的問題已解決，不需要再用國營專賣「與民爭利」，並主張回復到文帝、景帝時期的黃老治術，與民休息。但桑弘羊一派主張平衡國家財政，需要有稅收才能支撐國家的諸多用度，以及維護國家安全的國防軍隊。兩方激烈辯論之下，最後只取消酒的專賣，其

圖 3-16　鐵器用途廣，因此鐵礦也是漢朝國庫收益的來源

（圖片來源：Pixabay）
https://is.gd/oAfurJ

他仍按舊實施。就皇帝而言，也是想在這場會議中試水溫，巧妙的用來觀察專賣制度是否要進行調整，畢竟，若國庫充盈，對皇室而言，絕對百利而無一害。

文後短評

　　就歷史實際的對照，我們可以得知無論在哪個體制的社會，表面上支持你暢所欲言，但實際上是有一雙「看不到的眼睛」正在看著你的一字一言，過濾著是否會危害到社會秩序的言論，乃至於侵害個人名譽的言語，若程度不致有所危險，則睜一隻眼閉一隻眼，但過於猖狂無理的口誅筆伐，它絕對抓的住你！

MEMO

單元 ❺

錯誤訊息的情報戰爭

篩選過後的訊息

　　在現今資訊流通快速的年代，我們可以很快速的得到訊息，但在此必須提醒，容易在網路得到的訊息未必為真，因為每則訊息的標題設計就是「聳動」，讓你快速的輕信後，基於內心強烈的情緒，快速發散出去，如果未經核實再三，容易讓訊息變成一把殺豬刀；另一種是利用具有多年公信力的媒體作為放送機，很多人會認為應該可以相信了吧！但非常可惜，很多的新聞，是有經過篩選、刪節以及衡量利害關係後，所發佈出較無害的訊息。

如何取得一手資料？變成難上加難，能公開的訊息均為二手資料，其實也不能怪源頭會如此操作，因為事關動搖國本，以及機密外洩的疑慮，所以透露一點無傷的前端訊息，表面上是讓你有「知」的權力，實際上是巧妙的讓你深陷其中，遠離訊息的颱風中心。如果是個實事求是的人，基本上在這訊息圈裡，會過得相當痛苦，真的事情沒辦法說，假的事情不想說也得說，隱藏在心中的「機密」，會讓一個人的精神狀態陷入崩潰的邊緣。

圖 3-17　人在傳遞訊息是極其複雜

（圖片來源：Pixabay）

https://is.gd/Ex9Fmf

少數人決定一切

　　另外，為什麼不論政府或者企業等組織，要實施小圈子決策？主要是要根除「人多嘴雜」、「口風不緊」等問題，甚至更高層級的秘密會議，是會要求與會關係人把 3C 用品全部統一保管，因為深怕開會開到一半，同業已經知道會議的內容，甚至有曾發生過，會議參與人使用 Facebook 打卡，或貼出在開會的照片，致使整個會議破局的事件發生，這是一般剛性的機密會議會發生的狀況；還有一種是類似「假性」性質的會議，故意釋放內部重大訊息，讓收到情報的同業緊張而有所動作，結果會發現只是「空包彈」，反被訊息方探知同業的實力。

圖 3-18　決策都是極其少數的核心

（圖片來源：Pixabay）

https://is.gd/Sb9iWE

天上掉下來的訊息

　　在這不免俗來舉一段歷史事件，事件的發生地在二次世界大戰的歐洲，因法、英等國為首的盟軍想要得知納粹德國的軍事行動，無所不用其極想要竊取，但無論如何攔截電報都無法得知。

圖 3-19　　德軍天上掉下來的假訊息，讓盟軍深陷泥淖

（圖片來源：Pixabay）

https://is.gd/eMoNLE

　　納粹德國成功攻取波蘭後，英法下通牒要德軍退出波蘭佔領區未果，於是宣布對德國開戰，但德國也不是省油的燈，和蘇維埃聯邦簽訂互不侵犯條約，並讓出波蘭東部地區給蘇聯軍隊佔領，如此精密的外交策略，是要避免德國陷入雙向作戰的不利處境。

　　德國在東面搞定後，轉過頭來開始制定入侵西歐盟軍的最大基地－法國，由德國陸軍總司令部參謀總長佛朗茲‧哈爾德擬定《黃色行動第 1 號部署指令》，這份作戰策略，受到納粹德國內部很大的反彈，連希特勒都認為策略不夠周全，丟回陸軍司令部要求修改，但修改後的《黃色行動第 2 號部署指令》還是遭到否決，此時的簡稱《黃色計畫》的戰略計畫以胎死腹中，但有件事情卻讓《黃色計畫》成為成功的誘餌，不知是有意還是無意，德國空軍一名飛行員誤飛至比利時，被盟軍攔截並盤問，並從飛機中搜出《黃色計畫》的紙本機密文件，英法等國盟軍信以為真，開始部署防禦工事，結果德國知道此事後暗笑在心中，一個不可行的進攻計畫卻被盟軍當成珍寶，其實德國已經在進行另一個新計畫《曼斯坦因計畫》，這個新計劃的實施，使得盟軍往後在一系列的戰爭中，被德軍勢如破竹的壓著打，因盟軍犯了沒有核實和沙盤推演機密的真實性，導致最後盟軍被逼到敦克爾克，橫渡英吉利海峽狼狽撤退到英國。

文後短評
‧‧‧‧‧‧‧‧‧‧‧‧‧‧

　　就上述歷史事件的借鏡，我們必須了解在網路上掌握的資訊，是真假參半的資訊，通常是用真的事去包裹假的事，讓你誤判，然後再去散發，誘發更多人上當再去轉發，等事情完全擴散開來時，再用實際的行動補你一槍，就連反應的時間都沒有，完全被擊中倒地。

圖 3-20　二次世界大戰歐陸盟軍最慘烈的敦克爾克大撤退，此圖為往後在法國諾曼第展開勝利的反擊

（圖片來源：Pixabay）

https://is.gd/PNTqoF

單元 ❻

竊取商品的商業戰爭

拓展貿易的版圖

　　國際貿易一直以來是維繫國庫收支的重要財源，從古代以馬、駝進行的陸路貿易線，以及以海船為交通工具的海上貿易，到近現代可以用飛機進行貿易，每一樣貨物的進出口，都由商人作為媒介，藉此低價在原產地蒐購，再到非原產地以高價售出，這是理想上的操作模式，但實際上是很複雜，會受到氣候變遷、戰爭或者政治情勢等因素干擾，以致於常血本無歸。

圖 3-21 國際貿易是利用海陸進行的世界性商業活動

（圖片來源：Pixabay）

https://is.gd/agEvZU

商業機密的攻防戰

當然每一區域的貿易品，總有一些被列為極機密的商品，也就是說有受到政府的保護，以中國來說，絲綢、瓷器、紙、茶葉等上架商品，是對外貿易的主力商品，因此政府只鼓勵民間商人把商品銷售出去，絕不會讓購買國去了解生產與技法的機密，因為一旦機密被破

圖 3-22　茶葉是中國的主要貿易商品

（圖片來源：Pixabay）

https://is.gd/jS2CmP

解，會變成普及化的商品，無法獲得更高的利潤，所以寧願把商品保持神秘感，才能以「物以稀為貴」的商戰模式，讓自己國家呈現「出超」的成長，而非「入超」的成長。

對商品保持神祕感，對於飽受入超虧損的國家而言，是種很大的折磨，因此會開始計畫破除稀有商品的神秘面紗，派出商業間諜前往原產地竊取商業機密，藉由竊取的技術，不斷的修正和改良，變成自己國家也可自產自銷，拿來對他國進行傾銷，獲取更大的利潤。當然也有利用戰爭的手段來奪取，例如耳熟能詳的

中英「鴉片戰爭」，英國本來只是想藉由英屬東印度公司的力量，利用當地栽種的鴉片，來平衡與中國茶葉的逆差，只是沒想到，原本是麻醉藥的罌粟花所提煉出的鴉片，居然在中國成為熱門商品，並一舉將對茶葉的逆差翻轉過來，同時，這也造成中國成為鴉片煙癮危害多年，甚至引發國際戰爭。

圖 3-23　製作鴉片原料的罌粟花

（圖片來源：Pixabay）

https://is.gd/xOnf3m

商業間諜的堅毅與專業

當然，英國並不以鴉片賺取順差為滿足，也想把茶葉做為主力商品，因為曾經委託英屬東印度公司，在印度阿薩姆省，以及喜馬拉雅山山腳嘗試栽種，但始終種不出中國茶葉的口感，因此派出具有植物專長的專家福鈞，以英國領事館為掩護，喬裝偷渡至中國南方進行考察，並在途中摘取茶樹的苗作為標本，或把這些茶苗種植在名為「華德箱」的玻璃箱，運用領事館作為藏匿點，再趁不注意的時節偷運回英屬東印度公司。

圖 3-24 　中國茶苗被羅伯特‧福鈞帶到印度山區栽種

（圖片來源：Pixabay）

https://is.gd/MP4N9m

　　一開始福鈞只是偷取標本和種子，並不了解最精華的「揉製」，導致初期運回，所種出的茶葉相當苦澀。後來再一次進入中國南方進行秘密訪查，終於發現製茶的方法，也把在英國不分紅茶與綠茶不同類的錯誤觀念矯正，並發現中國賣給英國的綠茶，是經過人工顏料染色，泡出很不自然的綠色，常喝對於身體會生

病。經由福鈞的間諜活動，破解中國茶葉的機密，順利的將茶葉變成英國的主力商品，不再被中國所控制，但也造成中國在清代晚期，國家貿易嚴重衰退的窘境。

圖 3-25　華德箱原理如同圖中多肉植物種在玻璃箱中

（圖片來源：Pixabay）

https://is.gd/XpHKGM

文後短評

．．．．．．．．．．．．．．

　　就福鈞的例子來說，就跟現在企業常見的商業間諜竊取機密一樣，只不過福鈞是要經過長期的探索，而企業間諜有太多便利的竊取儲存器材，因此竊取可以在神不知鬼不覺之下進行，進而使得受害一方蒙受重大傷害。

MEMO

單元 ❼

電報傳遞的通訊戰爭

類比通訊訊號的起始

　　自亞歷山大・格拉漢姆・貝爾（Alexander Graham Bell，1847 － 1922）發明電話以後，人們不管在遠端或近端通訊上，都可以用清楚的聲音來傳遞訊息，不必要千里迢迢傳送書信，也不必持著一大堆密碼，去請求破譯，但如果沒經過這些辛苦的歷程，人類是不會絞盡腦汁，去向大自然的電、聲、水波、雷聲、氣體中去尋求可以解決人類的通訊煩惱，這一些求諸自然的學問，稱之為物理學，也就是將「虛無飄渺」的能量轉化為「實體化應用」。在電話發明之前的電報，它就是電話的雛型，只可惜

它只能讓簡單的「滴」、「答」聲音透過電線來組織成一個訊息，不過，有時簡單的聲音，反而勝過隻字片語繁複的構思。

圖 3-26 貝爾發明電話後，縮減人
與人通訊的距離

（圖片來源：Pixabay）

https://is.gd/emNyXf

滴滴答答互通有無

　　1836 年，美國軍人薩穆爾‧摩斯發明了第一臺電報機，但苦無沒有建立通訊的訊號碼，於是同儕阿爾弗萊德‧維爾開始構思這訊號碼，利用‧（Dit）與－（Dah）還有停頓碼（＊）三個作為訊號的基礎，看似好像很難，實際上它就是跟電腦二進碼極為類似，也可以說是電腦的祖先，判讀只要 0 與 1 就可以，例如我們現在用電話說「Thank you」很輕而易舉，但摩斯電碼會呈現『-……- -. .- -.- -.-- --- ..-』，二進位是「1**** 0110101 1011 111 001」，這是沒有縮寫過的，但也許是過於繁複，阿爾弗萊德‧維爾想到

用縮碼的方式，把「Thank you」取第一個字〔T〕和最後一個字〔U〕，摩斯電碼也就變成『- ..-』，二進位是「1 001」。但其實最早出現的是「SOS」，用於受災時人們急迫求救的訊號，摩斯電碼是『... --- ...』，二進碼是「000 111 000」，成為全世界共通的電報碼後，即使不用破譯，也可以知道是在求救。

圖 3-27　電報機的發明，開啟遠端訊號通訊的先聲

（圖片來源：Pixabay）

https://is.gd/nKCmmH

電報化解戰爭的最佳典範

　　電報的發明，化解很多的問題，例如即將發生的戰爭，可以先取得訊息，而進一步用外交手段去逼退敵方。清朝同治十三年（1874）日本舊薩摩藩士（鹿兒島）為主的陸軍，藉口因琉球船隻屢次在臺灣南端避風災，而被當地原住民殺害，因此由陸軍中將西鄉從道（西鄉隆盛胞弟）向美英兩國租借商船，打算進軍臺灣南端，幾乎要引發戰爭。

　　但在日方陸軍航行至廈門時，被英國領事館得知，轉將電報傳給清方總理各國事務衙門，清廷大為震驚，於是緊急授權欽差大臣沈葆楨前往調停，以及要求駐臺所有的軍隊聽從沈葆楨的調遣，沈葆楨搭乘輪船招商總局的輪船快速到達臺灣，命令各路文武職積極佈防，並加購洋砲鞏固海防。由於清廷在英國電報協助下，能夠早一步進行對策，清廷並以外交手段，得到美國與英國的領事館協助，發電報向日本施壓，以致於日本陸軍未能在臺灣南端佔得太多便宜，化解一場可能成為國際戰爭的可能。

圖 3-28　清末牡丹社事件發生地點在現今南臺灣海域

（圖片來源：Pixabay）

https://is.gd/SAkdhm

文後評論

　　電報的發明，解決人們遠地通訊的問題，而且因為解碼的繁複，多了一層資訊安全的保全，但也因為手續繁複和一字千金，所以在電報紙解碼都呈現短短的隻字片語，在當時來說，短短的幾句，就可以解決重大問題，對照到今日的電子郵件，還必須寫極其複雜的長篇大論，還會因為網路病毒使信息無法到達，或被竊取。不得不說，隨時代進步，事事都便利，但我們也必須感謝前人所建立的基礎，通訊才會無所罣礙。

單元 ❽

電報的應用

電報在中國的紛亂

　　電報在清末自強新政之後傳入中國，初期，外國電報公司在電報桿與電報線的施工，受到民間很多阻礙和抗議，原因竟是「妨礙祖先風水」，清朝政府為平息民眾的憤怒，想到一個兩全其美的好辦法，首先拆除路上的電線桿，請外國電報公司租輪船，並在船上架設電報線與電報機，要通訊時，「才能」接到在海灘上所架設的機房，聽起來頗為荒謬。

圖 3-29　電報用電線杆進入中國初期很不平靜

（圖片來源：Pixabay）

https://is.gd/g8o7Ds

電報加速現代化

　　其後因為多次戰爭受惠於外國領事館電報的協助，使清廷感受到電報的便利，於是李鴻章等人開始排除民眾的抱怨，陸續在沿海大城市架設，或在軍事要地架設，不使用則已，百姓與政府官員試用後，覺得電報很便利，於是開始減少使用紙本文書傳遞，原本清朝政府引以為傲的驛站也漸漸失去功用。

　　雖然電報堪稱便利，但電報公司幾乎是外資，像丹麥的大北電報公司（GN Store Nord A/S）就相當有名，技術也是冠於其他外資，只是收費太貴，用英文傳遞，三碼以一字計價；但中文字傳遞，一字四碼，以兩字計價，清朝人民感到很吃虧，大北只給清朝官方免費傳遞電報，民眾仍要付出高額的錢，所有要傳到外國的電報，都需經過大北公司的線，因此大北等於獨佔大賺，其編碼是以英文編碼為主，有一密碼本可以查詢所需文字，編號從 1~9999，所以清朝官方也開始考慮要收歸國有，並自己做中文通訊密碼本。

圖 3-30　　上海外灘的大北電報公司舊址

（圖片來源：Pixabay）

https://is.gd/MWfx0U

聰明的新創中文電報碼

　　這時有清朝官方找到一位聰明的幕僚鄭觀應去策畫，以外國英文字碼為參考基準，並從中國古代經典書籍去找，鄭觀應非常聰明，很快找到一本跟聲韻有關係書籍，發現電報四字的編碼，在古人的智慧中就可以完全借來使用，根本不用從頭來過，例如筆者在這舉個有趣例子，讀者可以去玩玩看，這個中文電報碼的網址如右所示：http://chinesecommercialcode.net/search/index/zh

① 進入網頁後，在搜尋欄中，我們輸入「鐵人賽」。

② 轉換成三組十進位號碼：『6993』、『0086』、『6357』。

③ 摩斯電碼轉換『 -..-.-....--.-./-..----.----.-./-....----.------.- 』。

④ 二進位『1001010000110101』、『100111010111010』、『10001100 11111101』。以上步驟也就是說如果中國要傳電報去外國，還需要轉碼轉很長才能傳出去，畢竟中英文的語意和，當然中國會想搶回來自己來經營，也自己創造一本外國人不一定懂的電報密碼本。

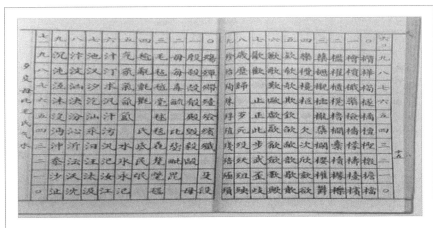

圖 3-31　鄭觀應所編的《電報韻目代日表》

（圖片來源：自拍）

文後短評

　　完成第三十篇，是一個期許，也是讓自己能夠持續動腦的時刻，每天想著如何將資訊安全與歷史作連結，需要花上一個小時的時間，包括蒐集資料，寫著寫著發現還真的有許多可以連結，也就是說跨領域的思考，可以將兩樣不相同學科的配料細火慢燉，煮出一些有趣的主菜，無論如何，是否得獎？已不是本人第一思考的目標，最大的心願就是每年花一個月去達標，得到一個認證，其實就很開心了！